武乡

古树名木

WU XIANG GU SHU MING MU

武乡县林业局 编

复旦大学出版社

前　言

　　太行精神，光耀千秋。抗战圣地，红色武乡。能见证历史的不仅有这片红色热土，还有饱经沧桑的棵棵古树。斗转星移，丰润的树在沉思中生长，时间的年轮一圈圈增加，世间的历史也在更迭。一棵古树就是一段历史的见证与一种文化的忠实记录，一株名木就是一段历史的生动记载。古树名木是森林资源中的瑰宝，是自然界和前人留下的文化遗产，弥足珍贵。

　　山西武乡是全国著名的革命老区，被誉为"八路军的故乡，子弟兵的摇篮"，是太行精神的重要发源地。抗日战争时期，这里是太行山根据地，八路军总司令部和中共中央北方局机关的长期驻扎地，朱德、彭德怀、左权、刘伯承、邓小平等老一辈无产阶级革命家都曾在这里长期战斗和生活，组织指挥了整个华北地区的抗战。

　　"山山埋忠骨，岭岭皆丰碑，村村住过八路军，户户出过子弟兵"，这里是一座没有围墙的革命历史博物馆。太行精神在这里孕育、八路军文化在这里形成、民族脊梁在这里挺起，人民军队在这块红色的热土上不断发展壮大，由进入太行时的三万余人发展到打响解放战争时的百万雄师出太行，抗战胜利的号角从这里吹响，中国革命从这里走向了胜利。武乡的古树名木悄然不语，见证了这一切的发生。

　　巍巍太行，民族脊梁。太行精神，历久弥新。

　　在王家峪，朱德总司令栽植的红星杨已长成参天大树；在砖壁，彭德怀栽植的榆树已经绿荫如盖；在王家峪，刘伯承、邓小平拴马的枣树，依然挺立；在故城，见证王玉堂成长并参加革命的皂荚树已经把枝叶伸出院墙之外；在史家垴，目送史怀璧、史进贤参加革命的兄弟槐正眺望着远方……在武乡，处处可以感受到红色文化的兴盛以及红色旅游发展的蓬勃之势。依托丰富的红色旅游资源，武乡县走出了一条革命老区红色文化的旅游活化新路径。

　　古树名木闪烁着光彩绚丽的历史文化色泽，它的生长与三晋文化的发展同步，在每个时期又铭刻着时代的印记，是乡愁的重要印证。因此，我们要用好红色资源，积极探索创新，以古树名木为媒介，将家国情怀、英雄故事播撒在青少年的心中。在大家的共同努力下，这片英雄的土地上的革命

精神必将代代相传，红色武乡将进一步传承红色基因、弘扬
太行精神，汇聚起实现中华民族伟大复兴的磅礴力量，激励
一代又一代三晋儿女为中华民族伟大复兴而不懈努力奋斗。

编　者

2023 年 5 月

目　录

附录一 武乡县其他古树名木

附录二　武乡县所产部分中药材图录

1号树木：

韩北镇王家峪
小叶杨

Populus simonii Carrière

科属：杨柳科杨属

树龄：83 年

保护等级：Ⅲ级

在韩北镇王家峪村，有几棵奇特而挺拔参天的杨树，人们都称之为"红星杨"。

凡来这里参观八路军总部旧址的人们，总要到朱德总司令亲手栽植的杨树下留个影，特别是要在树下转一转，细心地捡几根被风吹落下来的小树枝，带回去作为永久的珍藏和纪念。你知道这些小树枝有什么奥妙吗？原来，当你捡起一根小树枝，沿着树枝的横纹轻轻掰开，在树枝的断面就会出现一个红色的非常清晰的"五星"图案，端端正正，就像解放军的五星帽徽一样。人们都称之为"红星杨"。

关于杨树树枝中的"红星"，还有一段神奇而美丽的传说。

那是在抗日战争时期，共产党领导的中国工农红军主力，根据国共合作协议改编为国民革命军第八路军，走上了抗日战场，朱德总司令亲自率领八路军总部转战太行。面对强大的日军，装备精良的国民党部队望风披靡，而我八路军在武器低劣、弹药不足的情况下，敢于亮剑，先后在平型关、雁门关、阳明堡等地给日军以沉重的打击。八路军这个名字，在根据地老百姓心中有了很高的威望。1939年到1940年，八路军总部进驻王家峪村。当时，不仅日寇常常对根据地进行"扫荡"，而且国民党顽固派发动了第一次反共高潮，我根据地处于日、伪、顽联合进攻的严重关头，根据地军民生活极其艰苦。就在这个时刻，朱德总司令坚定不移地带领敌后军民，坚持"前门打虎，后门拒狼"，一面自卫反击，一面开展生产自救。朱德总司令和广大战士们一样吃着野菜糊糊粥，穿着自织自染的土布衣裳，他们一边打仗，一边开荒种田。1940年清明节，总部机关和作战部队的战士们在蟠龙至下合村一线开展了轰轰烈烈的植树运动，朱德总司令也在百忙之中抽空来参加劳动，亲手栽下了一棵红星杨。

后来，根据中共中央指示，朱德总司令回到延安，此后就在延安与毛泽东主席一起领导抗战，再没有能来太行山生活、战斗。朱德总司令亲手栽下的这棵杨树，便成了他在太行山留下的一个永恒的纪念。

当地的老百姓经常来给它浇水、除草，杨树很快就枝繁叶茂。后来，人们突然发现，这棵树的树枝横截面有类似红色五角星的形状。于是一个美丽而神奇的故事在老区流传开来，人们都说朱德总司令是天上星宿下界，因为他是神人，他栽树时把自己的帽徽埋在树根下，红星就长在了树枝中……

从此，朱德总司令和总部机关人员栽下的杨树成了老区一道亮丽的风景线。

2号树木：

韩北镇王家峪村
枣树
Ziziphus jujuba

科属：鼠李科枣属
树龄：100 年
保护等级：Ⅲ级

武乡名木

刘伯承邓小平同志旧

在韩北镇王家峪村八路军总部旧址大门前，有一棵百余年历史的枣树。这是一棵神奇的枣树。1997年2月19日，老一辈革命家、中国社会主义改革开放和现代化建设的总设计师、中国特色社会主义道路的开创者邓小平同志不幸去世。当地村民传说，当噩耗传来后，这棵枣树突然"泣血"枯死，曾轰动了四面八方，人们纷纷前来瞻仰……

村里的老人们都记得，八路军总部进驻王家峪后，一二九师师长刘伯承、政委邓小平从前线回到总部汇报工作或参加军事会议，总是先把马拴在这棵枣树上，然后谈笑风生地去见朱德总司令、彭德怀副总司令和左权副总参谋长；也常从这棵树上把缰绳解开，然后飞身上马，去指挥白晋战役、反顽战役，组织百团大战和生产自救运动……

有一次，刘、邓首长回总部开会，刘师长的警卫员因抄近道踏坏了老百姓的青苗，刘师长回到总部，把马拴在树上，将警卫员叫过来，进行了严厉的批评，并在这块地边竖了一块牌子："爱护群众庄稼，勿走田间近道。"

还有一次，一二九师三八六旅在王家峪整军，邓政委来视察指导工作，找村长朱银江了解部队的群众纪律，还在他

家吃了一顿便饭。饭后，邓政委给朱银江留下半斤米票。朱银江想，这米票无论如何也不能收，便一直追到总部大门口。这时，邓政委已翻身上马，准备启程。他对跑来退米票的朱银江诚恳地说："老乡，我们八路军是人民的子弟兵，子弟兵要爱护老百姓。要求部队做到的，我这个当政委的首先要做到。"几十年过去了，每当见到这棵枣树，朱银江的眼前便闪现出邓政委那精悍而又慈祥的面庞……

1997 年 2 月 19 日，邓小平同志与世长辞，老区人民沉浸在一片悲痛的气氛之中。2 月 22 日上午，王家峪干部群众在刘、邓首长旧居前举行了隆重的追悼仪式，来寄托对邓政委的哀思。据说那天会后，人们久久不肯离去。有的在刘、邓首长旧居前久久徘徊，有的伫立在大门口的枣树下凝视。这时突然有人发现："快来看阿，枣树泣血了！"人们都涌了过来，只见那久经沧桑、肌肤糙裂的树干根部，一道道血红的水流了出来！一位古稀老人撩起衣襟，擦着眼泪，泣不成声地说："这是老枣树在泣血呀。"人越聚越多，事越传越神，周围十里八村的人们奔走相告，都来目睹这奇异的现象。那年春天，这棵枣树再没有抽芽发叶，再没有开花结果，显然是枯死了。不知是人以树传，还是树以人传，这棵刘、邓首长的"拴马树"确是成了八路军总部王家峪旧址一道人文景观，招来一批又一批游人的瞻仰……

　　不管是"老树泣血"也好，伟人仙逝"异象"也罢，植物学家自会有他们科学的解释，然而这棵"拴马树"毕竟可以寄托老区人民对刘、邓首长深切的怀念之情。令人欣慰的是，几年后，在枣树的根上，又长出了一株小枣树，现已高过丈余，挺拔而起。

武乡名木

3号树木：

蟠龙镇砖壁村榆树

Ulmus pumila L.

科属：榆科榆属

树龄：83 年

保护等级：Ⅲ级

彭总榆

Peng Dehuai's eim

在武乡县城东 50 公里的砖壁村八路军总部旧址，院西墙根有一棵枝繁叶茂、生机勃勃的大榆树，这就是人们口中常常赞誉的"彭总榆"。

"彭总榆"高大挺拔，有 15 米高；树干粗壮，要两个人才能合抱，树围 2.7 米；树冠茂盛，冠幅 12.5 米。这棵树仅 80 多年树龄，正是阳刚强壮时期。榆树被称为"彭总榆"，是因为这棵树是彭德怀副总司令亲手栽下的，它是彭总爱民、念民的象征。

1939 年，太行根据地遭到百年不遇的大旱，大部分地区麦收只有三四成，秋收仅有两成左右，老百姓的生活就更加困难了。朱德、彭德怀组织总直机关人员帮助驻地百姓开展开荒种地、植树造林、兴修水利等生产自救运动，并和老乡一起打了三眼水井、六眼旱井，筑了一个大池塘、三个蓄水坝，解决了一个个事关老百姓切身利益的难题。

当时，总部官兵一天的口粮只有四两黑豆，不足部分全靠野菜补充，到后来连野菜也没有了。砖壁村有许多榆树，平时村里的群众都把榆钱、榆叶当食物。村里一下子增加了许多官兵，粮食不够吃，战士们饥饿难耐。一天，有一名战士正爬到村里的榆树半腰，准备撸榆叶，恰好让彭总看见。彭总在树下背着手大骂："谁让你上去的？榆钱、榆叶是留给老百姓的，你怎么能和老百姓争吃的！"那位战士非常难堪，房东大娘听到后便出来和彭总理论："说是战士，还不都是十几岁的孩子，有榆树就有榆钱、榆叶，你总不至于把他饿死吧！"这件事之后，彭总多次在会上强调，让战士们到方圆十里以外的山上挖野菜、撸榆叶，方圆十里以内的留给老百姓。

为了让战士们记住保护榆树，给老百姓留下榆钱、榆叶，他特地从村外刨回一株小榆树苗，栽到了总部机关驻扎的玉皇庙大院里，还在周围栽上酸枣圪针来保护这棵小树，而且一有空就给小树浇水，在彭德怀副总司令与总部工作人员的精心照护下，这棵小树果然茁壮成长，后来长成了一棵参天大树。

洪水镇合家垴村
千年芍药

Paeonia suffruticosa Andr.

科属：虎耳草科芍药属

树龄：1000 年

保护等级：Ⅰ 级

武乡名木

　　生长于洪水镇合家垴村的这株千年佳卉，为虎耳草科芍药属，是多年生落叶灌木。芍药的别名有将离、离草、婪尾春、殿春花、余容、犁食、没骨花、黑牵夷、红药等，根粗壮，花朵开得旺盛，有药用价值。我们常见的花色为粉红色、白色。芍药喜欢生长在土层深厚、湿润、排水性好的土壤中，不耐盐碱，喜欢阳光，但忌暴晒。

　　芍药的花期从每年的 5 月份开始，到 6 月份结束，花期时需要提供适宜的光照，才能使开出的花更加鲜艳繁茂，同时也需要为植株补充较多的水分，以免植株缺水而停止花芽分化。

　　芍药自古以来为爱之花，古代男女交往，多以芍药相赠，表达结情之约或惜别之情。芍药花寓意着思念，是富贵和美丽的象征。

武乡名木

5号树木：

洪水镇苏峪村槐树
Sophora japonica

科属：豆科槐属
树龄：420 年
保护等级：II 级

　　洪水镇苏峪村的槐树距今已有 420 年，该槐树为国槐，俗称"家槐树"。树高 15 米，树围 3.4 米，冠幅 7 米。国槐的花、花蕾以及果实均有一定的药用价值。

　　抗战时期，太行造纸厂就坐落在苏峪村。当时，太行根据地的造纸工业十分落后，只有少数几家生产民用纸张的手工业作坊，主要生产土毛纸、草板纸，根本不能生产文化用纸。印刷报纸和书籍的纸张只能通过商人从敌占区购进，不仅价格昂贵，而且运输十分困难。为了改变这种局面，华北新华日报社社长何云决定，立足根据地，自力更生，生产文化用纸，由经理部部长王显周负责抓这项工作。王显周提出了改建当地小造纸作坊的方案。1940 年春，收购苏峪村人纸坊，建成了太行造纸厂，并在栗家沟、前张庄、活庄建了三座纸坊作为分厂。当时土纸没有经过漂白，着色效果不好，为了改进生产工艺，就用这棵槐树上的槐米提取色素做试验，果然见效，后来就在当地广泛收购槐米，用于生产。经过改进工艺，增加了漂白工序，将原来的土麻纸改造为文化用纸，专供报社使用，一张张漂亮的《新华日报》从这里发行到各根据地。

6号树木：

洪水镇南台村
松树
Pinus tabuliformis Carrière

科属：松科松属

树龄：500/300 年

保护等级： I 级 / I 级

武乡名木

古树名木保护牌

名 称: 松树
编 号: NXG08021
树 龄: 500   保护级别: 一级
管护责任单位: 冰水源森业村村委

此乡县绿化委员会

古树名木保护牌

在洪水镇南台村龙王庙前生长着两棵高大的松树，据考证这两棵松树树龄分别为500年、300年。这两棵松树在此经历了几百年的风雨，在抗战时也见证了八路军抗日的一次特殊战斗。

1942年4月5日，辽县（今左权县）洪都炮台的敌人在洪水一带"扫荡"。洪水一区抗日政府一方面掩护群众转移，另一方面组织民兵分散在三四个山梁上监视敌人。他们发现有一队日本兵骑着马从洪水河滩向着寨坪方向跑来，民兵们就瞄准目标射击，其中一个敌人被击中后从马背上摔了下来，其他敌人正准备救护时，三四个山头上同时响起了枪声，日军不敢停留，就连忙调头，灰溜溜地逃走了。敌人这次"扫荡"被民兵打得落花流水，下午四五点钟，只好往回返。而武乡独立营的一个连得到敌人行动的消息后，赶到南台附近，这是敌人的必经之路，他们就埋伏在龙三庙旁，一会儿日军就过来了。战士们见敌人进了我们的包围圈，立刻开了火，敌人被打了个猝不及防，想抢占高地，负隅顽抗，独立营战士用手榴弹打得敌人无法进攻。敌人死伤了七八人，最后只好逃走。这一仗下来八路军只有两人负伤，还缴获了八支步枪。

武乡名木

7号树木：

洪水镇南台村侧柏

Platycladus orientalis

科属：柏科侧柏属
树龄：500 年
保护等级：I 级

在洪水镇南台村有一棵树龄500年的侧柏，属于国家一级保护名木。侧柏喜光，侧根发达，树姿优美，自然条件下从基部到顶梢的枝叶可以完好生长，形成尖塔形，尤为壮观。该树种抗干旱、耐瘠薄、抗严寒，对土壤要求不高，是中国的特有树种，在干旱瘠薄的阴坡能正常生长。

其树皮淡灰褐色或灰褐色，细条状纵裂。小枝扁平直展，排成一个个平面密生，两面绿色。鳞叶，长1—3毫米，交互对生，紧抱小枝。雌雄同株异花，雄球花长圆形，长约2毫米，雌球花卵圆形。球果、种子近卵圆形。花期在3—4月，果期在9—10月。

武乡名木

8号树木：

蟠龙镇上型塘村
露根槐树
Sophora japonica

科属：豆科槐属
树龄：750 年
保护等级：Ⅰ级

蟠龙镇上型塘村有棵高大的槐树，树高 15.1 米，干高 5.5 米，胸径 1.88 米。这棵槐树树根屈曲盘旋，全部裸露在外，根盘周长 11.8 米，因而得名"露根槐"。露根槐生长在上型塘村村边，大约种植于宋朝末年，至今已有约 750 年历史。70 多年前，这棵树还枝繁叶茂，树大成荫。

这棵露根槐下曾是大兴烟草公司第一烟厂的生产点。1945 年秋天，大兴烟草公司第一烟厂由襄垣的文庙迁至武乡上北漳村郝氏院内。在战争年代中，香烟价格高，一般的百姓和指战员们是抽不起的。为满足军民生活需求，根据地自己创办了烟厂。

卷烟生产需要经过十多道工序，每一道工序都有较高的要求，有的还需要有宽阔的生产场地，郝氏院内不能完全满足生产需要，需要另外寻找一个生产点辅助。

上型塘距离上北漳仅几里地，不仅交通便利、水源丰富，而且群众觉悟高，于是烟厂就在这里设立了一个生产点。生产点就选在了露根槐下。

烟叶运来处理干净后，要经脉分离进行晾晒。烟叶晾晒极有讲究，既不能阳光直晒，也不能淋雨。露根槐下具有得天独厚的优势，成了最佳的烟叶晾晒地。烟叶处理干净晾晒好后，大家又在大槐树下洒水浸润，使烟叶富有柔韧性，整理打捆、压制后，用自制的土式专用的切丝机，把叶片切成细细的叶丝，把烟梗切成更细的梗丝，按比例混合成烟丝。

烟丝因为洒水浸润回潮，需要进行炒丝。大兴烟草公司的经理是年轻的红军干部周广才，老家在四川巴山，他是炒丝的高手，龙湍村的郝三孩曾在这棵大槐树下跟着他学习过炒丝。

炒丝并不是简单地使烟丝干燥，中间还需要添加一些料液，比如白糖、蜂蜜、薄荷等，或者其他的香料，还需要喷洒白酒，这样的烟丝闻起来有一股浓郁的烟香味，俗语说"抽烟品香，闻烟识甜"就是这个原因。这个时候的烟丝也就是成品烟丝，可以包装销售。

八路军大兴烟草公司的卷烟，烟盒制作得非常漂亮。县文物中心搜集到的香烟包装烟标，长方形纸张正中间底层背景图为五支竖排的红色香烟，袅袅烟气中一颗小红五角星飘向右上角悬挂的半轮太阳，顶层主图用反白居中，从左上向右下倾斜，印出两个大字——"甜烟"，两字间是一颗红色的大五角星，最下边落款为"第一烟厂出品"，左边绿框内用红字写着"武乡县上北漳"，右边绿框内用红字写着"大兴烟草公司"。

　　大兴烟草公司第一烟厂销售到各地的甜烟，其中一部分就是在露根槐下加工的。

　　如今露根槐历经岁月沧桑，早已不复青翠挺拔，树干一多半无皮，剩下的一小半树皮皲裂，节骨嶙峋；主枝早已死去，只在主干的西边和南边各生出两小枝。它虽长势衰弱，但仍保持着盘根错节、螺旋上升的态势，春天一到便努力发出新芽，显示着不屈的生命力。

9号树木：

蟠龙镇上北漳村
小叶杨

Populus simonii Carrière

科属：杨柳科杨属
树龄：450 年
保护等级：II 级

武乡名木

千年古树

　　蟠龙镇上北漳村大路边的小叶杨，树高 21 米，树围 4 米，冠幅 15 米，树龄已有 460 多年。这棵古老的小叶杨，曾为中国革命做出了贡献。

　　1939 年 10 月，中共中央北方局党校由武乡烟里村搬迁至上北漳村。北方局党校是华北地区党组织培养党政军高级干部的最高学府，它为华北各级党组织和抗日民主政权，为浴血奋战的八路军，培养输送了一批又一批的优秀干部。在上北漳村进行培训的是第三期 200 多名学员，当时朱德总司令兼任校长，刘华清任专职学员党总支书记，负责授课的教员有陆定一、李大章、杨献珍、张衡宇等同志。学员在党校学习联共党史、社会发展史、政治经济学、哲学等政治理论课程，还学习八路军的军事原则、战略方针、游击战术原则等军事课程。

　　当时学习条件极为简陋，不仅没有大教室可以容纳足够多的学员，而且课桌椅也严重短缺。因此，教学时因陋就简，选村头空地，学员席地而坐，教员站着讲，大家一边听，一边记笔记。村头这棵高大的杨树下就是最常用的露天教室，教学用的黑板也是挂在这棵大树上。

　　培训班教学内容因人而异，文化程度高的学习深奥一些的内容，文化程度低的从简单的知识入手，分层教学满足了不同文化程度学员的需要。教学方法也极为灵活，不但学习单纯的理论，还和实践相结合，教师常常组织学员到榆社、襄垣、武乡的农村去，深入群众了解当地社会情况，调查反贪污、反摊派，实行合理负担等内容，把课堂学习和社会调查结合起来，写出调查报告，在这棵大杨树下汇报讨论。有时他们也在树下向当地老百姓宣传抗日救国道理。

　　夏天绿荫如盖，把酷热的暑气阻挡在上空，凉爽宜人；冬天，艳阳高照，周身温暖。树下，学员聚在一起，大家一边听课，一边讨论，有时为了一个问题争得面红耳赤，教学气氛轻松热烈。

　　这一期的学员里有陈再道、张经武、文建武、王新亭、王近山等八路军的旅、团级干部，以及郭洪涛、马国瑞、王孝慈、王维纲、何英才等地方上的专、县级干部，这种军队、地方同志一起学习的模式，得到了八路军总部和北方局的肯定。培训结束后，刘华清写了一份总结报告，刊载在北方局的刊物上。1940 年 8 月，因百团大战爆发，党校搬迁至韩北东、西堡村，第三期学员培训结束。

　　现在这棵小叶杨仍然枝繁叶茂，守护着这片曾为中国革命做出贡献的土地。

10号树木：

蟠龙镇上北漳村
酸枣树

Choerospondias axillaris
(Roxb.) Burtt et Hill

科属：鼠李科枣属

树龄：350 年

保护等级：Ⅱ级

武乡名木

蟠龙镇上北漳村有一颗酸枣树，此树高 5 米，树围 0.6 米，冠幅 1 米。它不同于一般的枣树，树干弯曲向下，然后又向上生长，形成一个倒 S 形。

酸枣树本来是一种落叶灌木，很难成树，一般长到杯口粗细便自然干枯，由根部再生嫩芽。此树嫩条生长快，老干却生长得十分缓慢，亦称铁树，能长成乔木大树，实属不易。而这棵酸枣树，据专家推断已有 350 多年的树龄，堪称"酸枣树王"。

这棵酸枣树生长在村中一个高台边，树枝斜伸到悬崖边，树根后是一块宽阔的场地，旁边有一个石碾，还有一棵高大的槐树。1939 年 10 月，中共中央北方局党校搬迁至上北漳村后，学员分散居住在老百姓家中。看着一个个年轻的战士、干部为了抗日背井离乡，老百姓非常心疼，对他们嘘寒问暖，而战士们也为老百姓处处着想。周围是老百姓的民房，吃饭的时候或是闲暇休息时，战士们和老百姓三三两两坐在酸枣树边喝水、抽烟，谈论战事、各地的风俗民情，偶尔伸手摘几颗酸酸甜甜的酸枣品尝。在艰苦的抗日岁月中，这棵酸枣树见证了军民鱼水情。

　　老百姓缺水了，战士赶紧担起水桶；老百姓要磨面了，战士赶紧推起碾杆；村西窦老汉病了，学员总支书记刘华清同志亲自去看望，并请野政卫生所的医生给老汉看病……

　　当时国民党顽固派对抗日根据地进行经济封锁，上北漳村老百姓生活艰难。为了打破敌人的阴谋，解决敌后根据地的经济困难，中共中央北方局和八路军总部领导根据群众建议，组织技术人员勘测，带领广大八路军指战员，利用紧张的作战教学之余，在村前的汀滩筑坝造田。

　　他们就地取材，自己动手烧制石灰，再用石灰砂浆和青石垒筑拦河大坝。其间，上千名八路军将士、党校学员和村里老百姓展开了修坝大会战。许多首长都亲自挖根基、担石头、挑箩筐，共筑造了500米长、13米高的"军民坝"，垫地200多亩。

　　坝修好了，滩地垫好了，党校学员在滩地种植蔬菜、粮食，除草、施肥、浇水，秋后收获蔬菜、粮食10万余斤，充实了部队的给养，减轻了群众的负担，改善了军民生活。就在这棵酸枣树旁，党校学员把收获的蔬菜、粮食分送给老百姓。酸枣树和党校干部学员、老百姓一起享受着军民鱼水深情。

蟠龙镇石瓮村槐树

Sophora japonica

科属：豆科槐属

树龄：500 年

保护等级：Ⅰ级

武乡名木

　　蟠龙镇石瓮村有一棵古槐，至今已有约 500 年的树龄。这棵槐树生长在石瓮村的麻池岸上，槐树的后面是一座古寺——清尘寺。这棵树高 21.5 米，树干中空，在 3.5 米处主干分成两大枝，冠幅东西 23.5 米、南北 21 米，侧枝已有 5 枝枯梢，萌生的新枝茂密旺盛，使整棵树焕发了新的生机。麻池岸边地势开阔，临近水源，因此抗战时期这棵槐树下便成了抗日军政大学卫生处的露天"药厂"。

　　1940 年 6 月，日寇对武东地区进行了大"扫荡"，当时抗日军政大学驻扎在蟠龙镇。因这里处于交通要道，为使抗大教学不受影响，新任副校长滕代远决定向东山一带转移。6 月 27 日，学校离开蟠龙镇迁至十几里外的石瓮村。

　　石瓮村前后都是大山，而且山上有丰富的中草药，抗大卫生处的同志们非常高兴。他们邀请村里的民间医生介绍山上的中药材，如每种药材治什么病、什么时候采集、哪种药用根、哪种药用茎、哪种药用叶等。然后又请老中医带着大家上山采药，还请他们在清尘寺中给八路军讲解中药的药性、中药的炮制方式等。

　　卫生处的同志们上山采集了许多药材，各种草药堆满院子，黄芩、远志、柴胡、连翘、猪苓、车前子、蒲公英……他们在这棵大槐树下分拣、清洗，摊开晾晒，然后该去皮的去皮，该去根的去根，该切片的切片，晾晒好后他们分门别类装起来。这些药材，有的能预防中暑、感冒，有的能治疗跌打损伤，有的能治疗肠胃不适，有的能治疗枪伤；有些药品直接捣碎敷到伤口，还可止血、消肿，达到抢救生命的目的；有的药材晒干后就在门口的石碾上碾烂，给生病的学员用开水冲服。这一大堆药材成了卫生处的宝贝，解决了抗大缺医少药的大问题。

这棵古槐与槐边的清尘古寺，共同见证了抗大卫生处自己动手克服困难、解决药品不足问题的那段艰苦岁月。

12号树木：

蟠龙镇老寨村
槐树
Sophora japonica

科属：豆科槐属

树龄：470 年

保护等级：Ⅱ级

武乡名木

从武乡县城沿公路蜿蜒可东行 50 华里，到达老寨村。老寨村是上北漳行政村的一个自然村，位于监漳和蟠龙两个镇的交界。监漳和蟠龙地势低平，处于两个村镇中间的老寨村则地势高耸，站在老寨村顶眺望，可以清楚地看到监漳和蟠龙两地人们的活动。

老寨村头崖上生长着一棵老槐树。这棵老槐树高约 15 米；树冠为馒头型，冠幅东西 16 米、南北 19 米；枝下干高 3 米，胸径 1.54 米。老槐树历经 470 多年的风雨，仍枝繁叶茂，顽强地在老寨村崖上生长着，展现着旺盛的生命力。村崖上的土经过长时间的冲刷，槐树根已有许多裸露在外，其中一条外露根向外延伸到 14.7 米处，根粗为 0.24 米，屈曲盘旋，牢牢地嵌入地面。

1939 年 11 月，中共中央北方局党校因为住宿、吃水等原因，由武乡烟里村移驻上北漳村。党校是华北地区党组织培养党、政、军高级干部的最高学府，在这里学习的大多为八路军的旅、团级干部与地方上的专、县级干部，学员近 200 人。从 1939 年 11 月到 1940 年 6 月，党校在上北漳村驻扎 7 个多月时间。为了保证他们的安全，八路军总部特务团派专门的警卫连队站岗放哨，老寨村头的这棵槐树下成为最重要的一个哨点，哨兵 24 小时不间断，严密监视着段村方向和蟠龙方向，一有敌情端倪立即放倒消息树，很好地保证了北方局党校学员、教职员工的安全。这棵老槐树为哨兵遮风挡雨，日夜相伴。

北方局党校迁走后，又有八路军十三团、大兴烟草公司第一烟厂驻扎上北漳村，八路军侦察员经常在这棵槐树上观察瞭望。这棵老槐树见证了八路军抗战的风风雨雨。如今进入 21 世纪，这棵古槐仍屹立村崖，见证着改革开放，见证着脱贫攻坚，见证着武乡人民的生活欣欣向荣。

13号树木：

蟠龙镇郊口村
榆树

Ulmus pumila L.

科属：榆科榆属

树龄：370 年

保护等级：Ⅱ级

武乡名木

　　蟠龙镇郊口村一处地名叫蒿岭儿树顶的地方，生长着一棵老榆树，现在已经有 370 多年的树龄。树木高大粗壮，枝繁叶茂，高约 12 米，树围 3 米，12 米冠幅像一把大伞矗立在村顶，护佑着村庄。抗战时期，有一段时间，这棵树下还成了八路军修枪所生产的一个重要地点。

　　1940 年夏，根据八路军总部关于发展军工生产的指示，刚刚成立的太行第三军分区决定组建修枪所。经过考察，地址选定在距离郊口村几百米远的马家岭村。这里相对比较隐蔽，而且紧靠大山，便于防范敌人袭击，一旦有敌人来"扫荡"，工人马上可以撤退到大山里。很快，太行第三军分区修枪所在马家岭成立，曲峰海任所长，所部设在郝松茂家，工房设在张二则家。修枪所成立之初，工人只有五六人，由于条件差，只有一些简单工具，如小锯、刨子、斧头等。工人们自制了风箱和其他用具，生一只火炉子，原料依靠前方运来。为了满足前方需求，修枪所不断扩大规模，工人增加到十几名、几十名，后来到上百名，并开始组装、制造手榴弹。

　　修造过程中需要加热，主要靠火炉加温。大夏天，屋内闷热又不通风，工人们就把火炉移在这棵地势较高的榆树下，一边制作、修理枪支，或者用木材制作枪托，一边还组装、制造手榴弹，每天都在紧张地生产。村里派民兵在附近的山头上放哨，观察敌情。老榆树下，成了轰轰烈烈的军工生产基地。

1940年深秋，在八路军总部发动的百团大战中，八路军给予日军沉重打击，日寇通过无线电侦察，发现了八路军总部的大概位置，就出动重兵，频繁到武乡东部"扫荡"。工人们的生产受了严重威胁，修枪所赶紧组织工人，埋藏了工具和原料，转移上山，扛着枪和敌人打游击。敌人走后，又返回村里马上恢复生产，把修理好的枪支和制造的手榴弹及时送到前方。一年多时间里，老榆树下，叮叮当当的声音从未停止，修造、制造的枪支、手榴弹源源不断从这里运出。1941年底，为了加强生产，该所并入柳沟铁厂。

14号树木：

蟠龙镇汉广村槐树

Sophora japonica

科属：豆科槐属

树龄：460 年

保护等级：II 级

在武乡县蟠龙镇汉广村有一棵保存至今的古槐，已有460年的树龄，历久弥珍。苍劲的树干，参天的树冠，稀疏的树枝，与苍天厚土的乡野云朵、清风明月诉语，见证了岁月的苍茫。

庭院老槐树的遮阴效果非常好，很适合当作遮阴树。仲夏月夜，在经受白天炎热气温灼烤之后，晚间微风拂动老槐树婆娑的枝叶，村民们茶余饭后聚拢，在树下纳凉，月色下的古槐氤氲着浓郁的乡土气息。

蟠龙镇东沟村小叶杨

Populus simonii Carrière

科属：杨柳科杨属

树龄：370 年

保护等级：II 级

武乡名木

在蟠龙镇东沟村有一棵树龄370年小叶杨。小叶杨别名南京白杨等，树冠圆锥，树皮呈灰绿色，老时呈暗灰色，深纵裂。小枝和萌发枝有明显的棱脊。冬芽细长有黏液。单叶互生，叶小，叶片椭圆形，长4—12厘米，宽2—8厘米，中部以上较宽，先端尖。雌雄异株。花期在3—5月，果期在4—6月。

小叶杨是中华人民共和国成立之后造林的主要树种之一，由于喜光、不耐阴，耐干旱，尤耐寒冷，能抗零下37 ℃低温。对土壤要求不高，对二氧化硫抗性强。根系发达，萌芽力强，寿命长。扦插繁育为主，播种、压条均可。在武乡县大量栽植，特别在农村的房前屋后到处可见。

16号树木：

蟠龙镇庄底村
酸枣树

Choerospondias axillaris
(Roxb.) Burtt et Hill

科属：鼠李科枣属

树龄：500 年

保护等级：Ⅰ 级

武乡名木

蟠龙镇庄底村有一座龙王庙，龙王庙的背后长着一棵酸枣树。这棵树高约 12 米，树围 0.4 米，冠幅 15 米，枝丫粗壮，比上北漳村的酸枣树更高大、更古老，距今约有 500 多年的历史。这棵树不仅健康地生长着，还每年挂果结酸枣，创造了酸枣树中的奇迹。村民把这棵树上结的酸枣称为"神枣"。很多年来，每到秋天，有村民就会摘几颗放到家里祖宗牌位前供奉起来。

在抗日战争时期，多次的反"扫荡"斗争中，抗日军民认识到地雷和手榴弹是阻击和杀伤敌人的最有力武器，各个抗日根据地迫切需要大量的地雷和手榴弹。庄底村地处太行山腹地，周围丘陵起伏，山势绵延，便于隐蔽生产；同时这里又盛产煤炭、硫黄、鸡窝铁矿石、坩子土等可以用来制造炸药的矿产。因为庄底村得天独厚的条件，这里就成为八路军的兵工厂——柳沟铁厂设立地。这棵古老的酸枣树见证了兵工厂的发展和壮大。

1939 年铁厂正式改名为"第十八集团军军工部铁工厂"，对外称"柳沟铁厂"，代号"焦作"。当年 5 月，柳沟兵工厂开始大量生产手榴弹壳。同年 6 月，军工部派石成玉来柳沟兵工厂担任工务科科长兼技师。工厂开始大量生产手榴弹、地雷，并试制成功五〇迫击炮和五〇炮弹。这里是兵工厂的铸造工段。1941年初，八路军军工部在武乡县温庄村举办了地雷训练班，更使得太行区的广大民兵、游击队把地雷作为打击敌人的主要武器。1942年，兵工厂的工人在反"扫荡"中，给日军摆下了五里长的地雷阵，炸得敌兵血肉横飞，寸步难行。

龙王庙就是兵工厂的生产基地。秋天酸枣成熟的时候，工人们工作辛苦了，就去酸枣树上摘果子，酸酸甜甜的酸枣生津止乏，还有助于睡眠。多年之后，在这里工作过的不少工人还难以忘怀。

1943年5月，日军在蟠龙镇设立据点，距柳沟村仅5里，为隐蔽目标，兵工厂采取化整为零的方式，分散为三个小厂：一厂为铁工组，继续留在庄底村，炼铁和铸造迫击炮弹毛坯；二厂、三厂迁至其他地方。1944年3月，敌人从蟠龙撤退后，太行军事工业进行调整，在柳沟村一带重新成立太行军工四厂，庄底村为铸造工段，仍然以生产手榴弹、地雷、各型炮弹为主。工人日夜加紧生产，各种口径的炮弹产量迅猛上升，月产量从原来的30万发炮弹增加到60万发，还生产出大批麻尾弹、掷弹筒、五〇和八二炮弹，有力地支援了抗日战争的大反攻。一时间，这里人来人往，川流不息，一派热火朝天的生产景象。

　　柳沟兵工厂的创建，可谓擎起了华北敌后军事工业的一面旗帜，不仅是战争年代人民军队武器装备的重要补给基地，为抗日战争和解放战争的最后胜利做出了巨大贡献，更在我国抗战史上写下了不可磨灭的光辉篇章。当时酸枣树下热火朝天的生产场面，一直留在老百姓的心中。

17号树木：

韩北镇王家峪村
槐树

Sophora japonica

科属：豆科槐属

树龄：1300 年

保护等级：Ⅰ级

武乡名木

韩北镇王家峪有一棵古槐，数经风雨，饱尝沧桑，有着顽强的生命力。无论是战乱频仍的封建王朝，还是战火纷飞的抗战期间，它陪伴着王家峪村的历代村民见证了风云变幻，世事沧桑。这棵树，见惯秋月春风，历经风霜雨雪、战火硝烟，依旧顽强不倒，生命力茂盛。年轮一圈圈增长，腰身愈见粗大，宽大树冠覆盖下的树荫成了人们避暑纳凉的好去处。

1939年10月11日，中共中央北方局机关移驻到武乡县王家峪村前庄。前庄的农家是一处隐蔽的小山坳，十几户家就驻扎在山坳里，而这里像个葫芦一样，进出只有唯一的通道，这棵古槐就生长在这个葫芦口上。为了北方局机关的安全，特务团警卫连在这槐树跟前设立了总岗哨。

这一时期，国民党顽固派发动了第一次反共高潮，在山西的阎锡山也挑起新旧军冲突，制造"晋西事变"。为了抵制顽固派的逆流，北方局在这里召开扩大会议，讨论在反逆流斗争中自卫反击的问题。1940年3月1日，八路军总司令部、中共中央北方局在离八路军总部驻地王家峪村仅三里之遥的下合村与城底村中间的城墙根，召开了晋东南各界反汪拥蒋大会。参加这次大会的有晋东南军、政、民各界领导人，以及各机关、团体、学校代表，共 3 万余人。会议由八路军政治部副主任、野战政治部主任傅钟主持，朱德总司令致开幕词。朱德在讲话中痛斥了汪精卫的卖国罪行后，号召全华北的军、政、民广泛开展反汪运动，反对一切公开和暗藏的"汪精卫"，号召各抗战党派、军队和人民，必须紧密团结起来，坚持抗战到底！大会决议：以 3 万军政民的名义，通电全国各界同胞，加强团结，声讨汪逆，肃清内奸，抗战到底。这次大会对坚持华北抗战，克服投降、分裂、倒退危险和肃清暗藏在抗日营垒中的投降派，起到了巨大的推动作用。

由于形势紧张，日本特务、国民党军统以及阎锡山的敌工团，都派敌特来刺探情报。为了防奸反特，哨兵的任务非常繁重。为了掌握敌人动态，以获得精准情报，警卫连不仅加强了岗哨，而且也派出了侦察人员。

一次，一位侦察员化装成货郎，挑着一副货郎担子去襄垣城侦察情况。不料被敌特跟踪，他警觉地连转了不知多少个弯，跑了许多路才算甩开"尾巴"，安全地回到这棵大槐树下。

武乡名木

18号树木：

**韩北镇土河村
侧柏**
Platycladus orientalis

科属：柏科侧柏属
树龄：1000 年
保护等级：Ⅰ 级

在韩北乡土河村，有一株千年侧柏生长于村中奶奶庙，属于国家一级保护名木。它历经岁月沧桑，饱受风雨摧残，见证了八路军野战卫生学校的一段不寻常的历史。

1939年7月，日寇对晋东南发动了第二次九路围攻，八路军总部机关由潞城移驻武乡。野战卫生部驻在土河坪村，其所属卫生教导大队驻在土河村。这年秋天，根据八路军总部要求精简机构的精神，野战卫生部孙仪之部长决定，将部机关由100多人减为11人，将精简下来的专业人员，一部分充实到野战医院，另一部分在卫生教导大队的基地上，组建前总卫生学校，孙仪之兼任校长。卫生学校分设军医班、护理班、兽医班、高级班，为总部直属单位、一二九师及所属各旅培养卫生人才，奶奶庙也被选为教室之一。

为了加强教学力量，卫生学校从太原聘请来一位医学专业人才范绳武先生。范先生是晚清贡生，早年留学东洋，曾在太原担任山西省立川至医学专科学校校长、亚东医院院长。范绳武先生来到武乡后，担任前总卫生学校副校长。范先生在教学中非常认真负责，带领学生去野战医院实习时，为了分辨伤员伤口感染程度，还常常用钳子挑起伤员伤口中的臭脓用鼻子闻，给学生树立了榜样。由于缺乏教材，范先生还在他带来的教材基础上，结合战地需求编写了《药理学》《解剖学》《救护常识》等教材，油印成册，供学生学习。

学校教师就在这棵柏树下讲解、示范，学员们在这里学习、实践。不远处的真如寺中就是八路军野战医院，有伤员需要手术时，学校的老师就带着学生去做手术，从而为学员提供了很好的学习平台。1940年11月，野战卫生学校迁至辽县（今左权县）。八路军的其他机关也曾陆续在土河村驻扎。这处庙院、这棵老树，是历史的见证者。

中华人民共和国成立后，每年"六一"儿童节，附近村子里的孩子们都会特意选择在这棵柏树下庄严地佩戴上红领巾，让这棵千年老树见证自己成为了社会主义接班人。

武乡名木

19号树木：

韩北镇土河村油松

Pinus tabuliformis Carrière

科属：松科松属

树龄：140 年

保护等级：Ⅲ级

土河村有一座古老的庙宇，叫真如寺。真如寺的具体创建年代已经无从考证，不过从寺内现存的碑刻可知，其创建时间可追溯到北宋初乃至五代时期，寺庙起初规模并不大。在元至治三年（1323年）真如寺曾经进行过重修，并扩大了规模。在真如寺里，生长着几棵油松，由于历经沧桑，有一棵已经没有了树冠，只剩下树干兀自傲立。这几棵油松古树，常常让人遥想到八路军抗战的艰苦岁月。

在抗日战争时期，土河村是八路军野战卫生部的核心区，这里有野战卫生学校，更有野战医院。当年野战医院就驻扎在真如寺中，驻地正好与这几株油松为邻，这几棵油松就成了野战医院的天然晾晒场。每天卫生员都会把清洗干净的绷带晾挂在油松之上，条条缕缕，随风飘荡，让人感叹不已。尤其是在大的战役战斗结束之后，伤病员人数激增，油松上面就会悬挂起更多的绷带，有的绷带上面还存有淡淡血迹，似乎在痛诉日本侵略者的野蛮行径。

野战卫生学校的学员也住在这里，虽然学习条件很差，但学员们的学习却非常刻苦，他们想尽一切办法掌握医学知识，一方面坚持课堂学习，另一方面还要到野战医院实习，

同时也向当地的老中医请教。他们还经常到武乡东山上去辨认采摘中草药，掌握中草药的习性、用法与用量，采挖的一大批草药，解决了野战医院缺医少药的困难。

松树上掉落的松针叶，一开始卫生员会清扫倒掉。这时，村里的老农告诉他们，这些松针叶有油性，易于点火，最好把它收集起来，天冷的时候可以在手炉盆里点燃，给伤员们取暖。他们照办了，果然很有作用。冬天下了雪，伤员们在寒冷的寺庙中冷得发抖，护士们就把铜盆放在地中间，点燃松针来生火取暖。

20号树木：

韩北镇西头村槐树

Sophora japonica

科属：豆科槐属
树龄：170 年
保护等级：Ⅲ级

　　韩北镇西头村大槐树是国家三级保护树木，拥有 170 多年树龄，是方圆几十里出名的革命古树。

　　1941 年春，为了培养根据地军工技术人才，八路军总部决定成立太行工业学校，于 1941 年 4 月正式开学。工业学校专设一个预科班，以培养只有小学文化或读过几天私塾的学员为主，同时也有兵工厂技术人员的小孩在这里学习。预科班驻在西头村三官庙，开始全班 20 余人，后来增加到 50 余人，文化程度参差不齐。每天早晨学员们总是在这棵槐树下出操，饭前在三官庙前集合唱歌。当时物质条件极差，既无教室、黑板，也无桌子和椅子。晴朗的天气，"课堂"就是在这棵槐树下竖一块门板当黑板，学生用自己的背包或石头当凳子，膝盖当桌子。上课时学生用心做笔记，下课后分组讨论、复习、做练习。教学办公用品极缺，就用紫药水、红药水当墨水，也有人用黑墨熬成墨汁；用麻纸、马粪纸或旧书的背面写字，甚至没有纸就用树枝在地上写。唯一的外来品是蘸水笔尖，将笔尖绑在麻秆或筷子上，算作"钢笔"。很少人有一支真正的钢笔。也有人在废枪弹的弹头里安装一个蘸水笔尖，然后再倒扣在弹壳里，就是一支很"酷"的子弹钢笔。预科班的学习任务是非常艰巨的，在三个月的时间里快速提升到具有初中文化水平谈何容易。但学生们互帮互助，积极学习，每天都要把所学的知识弄懂弄通，弄不清楚就不休息。就是这样刻苦学习，才取得了优秀的成绩。

学生们都以艰苦奋斗、勤俭节约为荣，跟部队一样，吃小米饭与炒胡萝卜、山药蛋片、南瓜汤。有人自己带个小口袋，里头装点盐、辣椒面，吃饭时放在碗里，改善一下伙食。学员们每天吃的粮食，要集体到几十里以外背粮，有时用裤子当口袋。为了响应毛主席"自己动手，丰衣足食"的号召，学校组织集体开荒，种粮食、萝卜、蔓菁等，补充部分口粮，困难的时候甚至以野菜、树叶充饥。

这棵槐树见证了当年预科班学员的经历，见证了他们的成长。几十年之后，当年工业学校预科班的学员们不止一次重回故地，在大槐树前合影留念，心怀感激，依依不舍。

武乡名木

21号树木：

韩北镇拐垴村槐树

Sophora japonica

科属：豆科槐属

树龄：160 年

保护等级：Ⅲ级

　　韩北镇拐垴村有一棵树龄160年之久的大槐树，树高数丈，枝叶蓬勃，不仅外形壮观，而且贡献突出，槐树下曾是前方鲁艺木刻工作团写生之地和"教研室"。

　　1938年冬，由延安鲁艺二期部分同学组成鲁艺木刻工作团，在北方局宣传部长李大章率领下，来到太行山根据地。鲁艺木刻工作团以胡一川为团长，成员有罗工柳、彦涵、华山等。1939年7月，鲁艺木刻工作团跟随八路军总部机关来到武乡，驻扎在拐垴村（当时叫果烟垴）。

　　木刻工作团的主要任务是结合抗战形势，捕捉抗战中发生的生活瞬间，利用木刻这一艺术形式，来达到宣传抗战、活跃军民文化生活、激励民众积极投身到抗战中来的目的。木刻工作团进驻拐垴村后，常常在这棵槐树下写生作画，创作了大量的优秀木刻作品，创办了美术期刊《敌后方木刻》，他们创作的木刻作品受到广大军民的喜爱。1940年春节前，针对当地百姓贴年画的风俗，他们创作了一套以表现战斗、生产、参军和支前为主要内容的新年画，如《保卫家乡》、《春耕大吉》（门画，彦涵作）、《送子弹》、《军民合作》（胡一川作）、《一面抗战，一面生产》（罗工柳作）、《抗日军民大团结》(陈铁耕作)、《织布图》(杨筠作)。新年画印出后，在王家峪、蟠龙、西营等地集市上销售，深受农民的欢迎，两万多张新年画很快就销售一空。有些住在偏僻山区的老乡，听到消息后，还带上干粮跑几十里路程到木刻工作团住处来购买，使大家深受感动。

1940年春节，八路军总部召开了太行山文化人士座谈会，在太行的文艺界名人何云、李伯钊、徐懋庸、任白戈等人出席，朱德总司令亲自参加了这次座谈会。在这次座谈会上，朱德总司令提出，笔杆子要赶上枪杆子，木刻等艺术形式要充分发挥作用，要创作出老百姓喜欢的文艺作品，要积极宣传抗日。彭德怀副总司令在得知新年画很受老百姓欢迎的事情后，给予了高度评价，还给彦涵他们写了一封信，肯定木刻团的工作，对他们提出表扬。木刻团的同志们信心倍增，大槐树下树荫浓密，木刻团同志们就用石块垒起简易操作台，搬来凳子，坐在树下潜心工作。每当一件作品完成之后，木刻团的老师与学生们就在树下展开点评与交流，互相借鉴技艺，共同取长补短。

一来二去，这棵大槐树就成了大家心中名副其实的"教研室"。在大槐树下，木刻团创作出了许多不朽的作品，有力地支持了抗战宣传。

武乡名木

22号树木：

**韩北镇下合村
老槐树**
Sophora japonica

科属：豆科槐属
树龄：600 年
保护等级：Ⅰ 级

　　在韩北镇下合村生长着一棵有 600 余年树龄的槐树，树高 10 米，胸径 3.8 米，冠幅 5 米。这棵槐树，对于村人而言，是晌午聚集的饭场，是男人劳动之后吸袋旱烟歇脚的地方，是女人做针线活拉家常的小舞台，是孩童嬉戏玩耍的游乐场，也是游子思念、牵挂和企盼的地方。而这棵槐树承载的不仅仅是这些，在抗日战争时期，它还是军民团结抗战的亲历者，是革命走向胜利的见证者。

　　武乡县是华北抗战的中枢，而下合村则是红色武乡的中心。1938 年 3 月，八路军一二九师新编成的补充团，在团长韩东山、政委丁先国率领下进驻下合村，在此进行战斗动员，不久，补充团离开下合村参加了神头岭伏击战。1939 年 10 月，八路军野战政治部机关移驻下合村，多次组织开展大型活动，这里是八路军发动群众、进行对敌斗争的重要阵地。其间，野战政治部在大槐树下组织动员群众，向老百姓宣讲进步思想，发动群众积极参与抗战，老百姓思想觉悟有了很大的提升。八路军主力部队的驻扎和积极发动群众，极大地鼓舞了广大民众的抗日士气，军民关系更加紧密。下合村成为八路军的家，时常有八路军队伍在这里休整、补充兵员，是八路军的坚实后盾。

23号树木:

韩北镇下合村
娲皇圣母庙侧柏

Platycladus orientalis

科属: 柏科侧柏属
树龄: 400 年
保护等级: II 级

在韩北镇下合村娲皇圣母庙大殿前，有一棵树龄400余年的侧柏树，树高15米，胸围1.4米，冠幅8米。这棵侧柏静静地守护在庙宇旁，常年青翠巍峨，见证了下合村的发展变迁，更见证了太行抗日根据地发展和壮大的历程。

下合村娲皇圣母庙也叫娲皇圣母宫，俗称"奶奶庙"，是一个殿、坊、楼、桥、台、亭一应俱全的古建筑群。该庙于明崇祯三年由兵部尚书魏云中所建。2006年山西省考古学家考察得知，此地在北齐时期就有石窟遗存，距今1400多年的历史。娲皇圣母庙为三进殿，建筑庞大，是山西省重点文物保护单位。

由于下合村地下水资源丰富，地势低缓，适合谷子、小麦等农作物和杨树、槐树、柏树的生长繁殖，所以这棵侧柏历经沧桑仍然挺拔。当然，这些得天独厚的自然优势和下合村、王家峪、前王家峪构成相互间隔两三华里的三角方位的地理优势，成为八路军野战政治部机关选址的依据。1939年10月，八路军总部机关由砖壁移驻王家峪村的同时，八路军野战政治部进驻下合村，部儿关就驻在娲皇圣母庙。

八路军野战政治部根据党的基本路线和军队的任务，制定全军政治工作的方针、政策、规章制度，领导全军搞好政治建设、思想建设、党的建设、干部队伍建设与基层建设，保证党对军队的绝对领导，保证人民军队的性质，巩固军队内部的团结以及军政军民的团结，坚持和巩固抗日民族统一战线，坚持持久抗战的正确方针，保证军队战斗力的不断提高和各项任务的顺利完成。野战政治部在下合村期间，多次组织开展了大型活动，是八路军发动群众、进行对敌斗争的重要阵地。而这棵侧柏树上常常悬挂着标语、条幅，成为重要的宣传载体，许多抗战思想、党的路线政策就这样被大家熟知并接受，对发动群众、提升群众思想觉悟发挥了重要作用。同时，八路军也在这棵侧柏树上架起电台天线，许多指示都从这里"嘀嘀哒哒"地发向远方，传送到各根据地……

400 年沧桑岁月，尤其历经革命洗礼，这棵侧柏饱经风霜，依然傲骨铮铮，正如八路军不怕牺牲、敢于斗争的精神，也如太行山的巍峨壮阔与坚韧不屈，世世代代传承。

武乡名木

24号树木：

监漳镇下北漳村槐树

Sophora japonica

科属：豆科槐属

树龄：400 年

保护等级：Ⅱ级

监漳镇下北漳村的中部，有一棵 400 多年树龄的老槐树，是国家二级保护古树。它的奇特之处是主干处只剩一张树皮，却特别顽强，每年春天都会迎着春风萌发新芽，表现出极强的生命力。由于位置处于村子正中部，所以它不仅是平日里村民们吃饭聊天的集中地，更是抗战时前方鲁艺领导人民进行革命生产的主会场。

1940 年 1 月，前方鲁迅艺术学校在下北漳村成立。鲁艺师生们以宣传抗战文化、发动人民群众为目的，多次召开群众大会，地点就选在这棵古老的槐树下面。他们经常在槐树上方插一面鲜艳的红旗，在槐树的阴凉处摆放一张木头桌子，李伯钊等校领导就在桌子旁开始讲话作报告。村里的男女老少都在这棵槐树下面认真听讲、用心领会，逐渐明白了只有跟随八路军抵抗日本侵略者才能过上幸福生活的深刻道理。

长期以来，大家都亲切地把这里称呼为"槐树根"，这个"槐树根"作用很大，是大家团结一心、坚定信念的始发站。

武乡名木

25号树木：

监漳镇下北漳村老槐树

Sophora japonica

科属：豆科槐属

树龄：900 年

保护等级： I 级

下北漳村古树众多，其中不乏稀世名木，其中有一棵树龄近千年的古槐格外引人注目。这棵古槐有 900 多年树龄，它不仅树冠高大，苍翠挺拔，远近闻名，更是在抗战期间立下汗马功劳的"功臣名将"。

1940 年元旦，前方鲁迅艺术学校在下北漳村正式成立，由李伯钊任校长，设音乐、美术、戏剧等多个专业。鲁艺师生用一切贴近人民的艺术形式来发动人民群众，对全民积极抗战发挥了重要作用，成功支持了八路军总部的军事行动，成为敌人恨之入骨的思想营垒。

作为一所培养文化骨干的艺术学校，需要有一个自己的实验基地。李伯钊校长提出了创办剧团的设想，一方面可以让学员得到创作、演出的机会，另一方面也可以活跃根据地军民文化生活。1940 年 2 月，经野战政治部批准，前方鲁艺开始组建实验剧团。剧团从总部火星剧社抽调了几位戏剧骨干，又从延安过来的鲁艺毕业生中选了几位，还有原太南区剧团合并过来的同志，组成剧团的工作人员，演员则根据需要从鲁艺学员中抽调。剧团由伊琳担任团长，王鸣珂担任指导员，朱杰民担任音乐指挥，龙韵担任戏剧指导。

剧团成立后，就在这棵大树下排练剧目。首先排练了李伯钊同志编写的"农村三部曲"之一的三幕话剧《老三》。该剧主要反映了不务正业的懒汉老三和家庭的矛盾，通过对比，教育农民努力生产，促进家庭和睦，支援抗战。太行山区的百姓喜欢看戏，该剧排练完成后，在太行区演出多次，深受广大军民的欢迎。后来还排演了李伯钊创作的《模范家庭》、伊琳编剧的《大宝嫂》、赵品三编剧的《两块石头》等。

为了加强防范敌人的侵略行动，前方鲁艺学校的岗哨之一就被安排在了这个大槐树上面。由于它很高大，人在树上视野开阔，能清楚地望见河滩东西两头的交通情况，可以提前发现蟠龙、洪水乃至西营方面的来犯敌军。大槐树躯干粗壮，枝丫茂密，侦察员隐身其上，敌人不易发觉，有力地保护了前方鲁艺学校的安全。所以，大槐树是当之无愧的抗战"大功臣"。

26号树木:

监漳镇下北漳村
黄河坪大槐树

Sophora japonica

科属：豆科槐属

树龄：500 年

保护等级：Ⅱ级

武乡名木

在下北漳被称为"黄河坪"的开阔地上，有一棵高大的槐树，它有400多年的树龄，长得枝叶茂盛，直参青天。由于其树荫浓密，在抗战时与前方鲁艺师生结下了不解之缘。

夏天时，天气炎热，前方鲁艺学校的师生们，便经常选择在这棵大槐树下进行歌舞、戏剧表演。当时条件有限，表演者们往往连个简易的舞台都没有，就直接在这块开阔地上原地演出。但是围观的群众有很多，常常是里三层外三层地围个水泄不通，著名的秧歌剧《兄妹开荒》《新三娘教子》等都在此认真排演，总是引发阵阵掌声。

新剧、旧戏纷纷呈现，观众、演员各得其乐。这棵大槐树，像撑开的大伞一般给人们带来安全与阴凉。通过这种接地气的表演形式，八路军的抗战思想得以广泛深刻地传播，太行山上凝聚起了坚不可摧的钢铁长城。几经风雨，见证历史的大槐树一如既往地苍翠挺拔。

27号树木：

大有乡苑家垴
侧柏
Platycladus orientalis

科属： 柏科侧柏属

树龄： 200 年

保护等级： II 级

武乡名木

在大有乡苑家垴村有一棵树龄 200 年的侧柏树。侧柏树为常绿乔木，喜光，侧根发达，抗干旱、耐瘠薄、抗严寒，对土壤要求不高，同时抗污染力强，耐修剪，在干旱瘠薄的阳坡能正常生长，同时也是理想的乡土景观树种。

武乡名木

28号树木：

大有乡枣烟村槐树

Sophora japonica

科属：豆科槐属

树龄：300 年

保护等级：Ⅱ级

在大有乡枣烟村长乐坪，生长着一棵树龄已 300 年的槐树，树高 15 米，胸径 1.3 米，冠幅 7 米。树形高大挺拔，十分美观。

枣烟村被誉为游击队的故乡。名震太行的名扬游击队就是在这里成立的。创始人魏名扬就是枣烟村人，他从小习武，也常常在这棵古槐下练武，成为了远近闻名的武师。他武艺高强，武德高尚，口碑远传，慕名求学者甚众。全面抗战开始后，他遵照党的指示积极组织游击队，这支游击队不仅坚持保家卫国，与日作战，还先后六次编入八路军主力部队，总共为八路军正规部队输送兵员 3 400 余人，成为名副其实的八路军"兵员库"。可以说枣烟村因名扬游击队而扬名。

这棵 300 年的古槐据说与魏名扬有着较深的渊源。当年游击队战士们经常在树下练兵、学习军事，每次打仗归来，又在这里休整。村里有个传说：魏名扬长期带领游击队在外面活动，与日寇进行游击战争，由于长时间的劳累，有一段时间膝盖疼痛难忍。某天夜晚熟睡之后，他做了一个梦，梦见长乐坪的古槐对他说话。古槐说道："我的根快被挖断了，疼呀！"魏名扬惊坐而起，他派人回村查看这棵古槐，果然发现根部因有人挖土几乎被挖断了，便找人向根部填土，并常常给它浇水，这棵古槐才重新焕发了生机。更加奇怪的是，从那时起，魏名扬的膝盖便不再疼了。大家都说是古槐给他托梦来了，名扬救了古槐的命。传说毕竟是传说，当不得真，但这棵古槐后来确实受到了村民的细心呵护。

在八年全面抗战中，魏名扬参加了百团大战等几十次战役，被授予独立自由勋章、红旗勋章等4枚功勋章。在艰苦卓绝的抗日战争中，名扬游击队由地方武装起家，越战越强，这支游击队威震太行山区，名扬晋冀鲁豫，可与山东的铁道游击队媲美，与冀中的平原游击队齐名。

英雄长眠，古槐悠悠。人的生命与树的生命如何用时空来衡量呢？魏名扬与名扬游击队已经消散在历史的尘烟中，而他们的英雄本色将万古长青。

武乡名木

29号树木：

大有乡枣烟村柳树

Salix matsudana Koidz

科属：杨柳科柳属

树龄：350 年

保护等级：Ⅱ级

　　一株柳树能活350年，在柳属的树木种类中，也属于奇迹。大有乡枣烟村的柳树就是这样一个奇迹。它生长在贫瘠的太行山黄土层中，接受着太行山红色沃土的滋养。这棵树高10米，树围1.6米，冠幅8米。它见证了历史的更迭，见证了家国遭受侵略，见证了抗战时期游击队发展壮大，也见证了枣烟村日新月异的发展。

　　枣烟村被命名为"游击队的故乡"。抗战时期，魏名扬在这里组建游击队，投身抗战洪流。在烽火连天的抗日斗争中，枣烟村也是有名的拥军模范村，全村所有青年民兵和普通老百姓几乎都参与到抗日斗争中来。青年男人参军作战上前线，中年男人支前支差送军粮，很多繁重的家务就落在女人身上。家里上有老下有小，她们既要照看老人小孩，洗衣做饭，还得忙里忙外，种地锄搂收割，还有一项更重要的任务是"拥军"，纺花织布做军鞋。村妇救会组织了拥军队，每天妇女们就在这棵柳树下纳鞋底、做鞋帮，一双双厚实的军鞋在这里做成，成批成批地送到前线，其中涌现出一批妇女支前模范和纺织英雄。

　　在一次战斗中，武乡独立营营长冉光华不幸负伤，被用担架送到了枣烟村由医疗队救护，后来医疗队撤离时，冉营长伤重不能长途颠簸，部队决定让他留在村里养伤，村里的妇女武桂英主动承担了照护他的责任。经过一个多月的精心照顾，冉营长伤好归队。在长期的交往中，二人产生了感情，后来喜结连理。

如今这棵树虽已进入暮年，但枝叶依然茂盛。当地村民在这棵柳树的根部堆砌砖土，加以保护。

30号树木:

大有乡李峪垴村油松

Pinus tabuliformis Carrière

科属: 松科松属

树龄: 300 年

保护等级: II 级

　　大有乡李峪垴村有一株 300 年树龄的油松，它生长在武乡县著名革命人物姜一故里的门前。这株油松高 6.2 米，树围 10 米，冠幅 7 米，几百年来，它扎根于贫瘠的土壤，经历了革命的洗礼，见证了时代的变迁。

　　说起这株油松，就不得不把姜一同志的革命事迹与它联系在一起。

　　姜一，原名姜书祯，1918 年生于李峪垴村，生前曾在湖北、陕西、山西等省担任要职，是中共八大、九大、十大、十一大代表。姜一从小就积极上进，心中充满了对旧社会和侵略者的仇恨。1935 年秋，他参加了党领导的"抗债团"，同年 10 月加入中国共产党。"七七事变"后，他又加入了山西牺牲救国同盟会。作为党员，他身先士卒，积极抗战。先后任武乡县四区区委副书记、一区区委书记，救联会主任，连指导员，武乡县委副书记、书记，1947 年随刘邓大军南下，挺进大别山，转战鄂豫皖。他先后担任县委书记、团政委、地委书记兼军分区政委，省委书记处书记、常务副省长、省人大常委会副主任等职。

　　1935 年秋，姜一入党的时候，正是阎锡山搞白色恐怖的时期。共产党员根据党组织的指示，积极发动群众，开展革命斗争，特别是发动民众开展的农民"五抗"运动，为广大农民争得了利益，动摇了封建统治。当时武乡东区党支部经常在他家召开秘密会议，村中这株老油松下，就是他和村中的党员站岗放哨的地方。这株油松地理位置高，站在树下，能够很清楚地观察到陌生人来往的情况，同时，油松枝叶茂密，也起到了掩护的作用。抗日战争开始后，这里更是村里的哨点，每天都有自卫队员、民兵轮流值守，一旦发现敌情，便立即通知群众进行撤离，或做好御敌准备。

如今，李峪垴村经过几代变迁，村容村貌有了崭新的变化，而这株老油松依然挺拔苍翠，像一位健壮的中年汉子，苍劲有力，风骨傲然。

31号树木:

大有乡峪口村
侧柏

Platycladus orientalis

科属:柏科侧柏属

树龄:150 年

保护等级:Ⅱ级

在大有乡峪口村西北半坡腰王氏老宅中有一棵树龄近150年的古柏。关于这棵柏树，有一个美好的传说：光绪三年（1877年）冬，在峪口村王氏祖宅中，一株小柏树被大雪压断了顶，经过家人的精心培植，第二年春竟长出了七个枝杈，枝杈分布均匀，间隔相距适中。后来王氏祖上就生了七个儿子。于是人们传说树冠压断长出枝丫就是征兆。后来一家四代人就同住此院，取兄弟和睦之意，将此老宅命名为"四和堂"，后人则亲切地称老宅为"四和堂柏树院"。现在这棵古柏在此家院内参天耸立，行人游客遥想古柏能够历经百年的风雨而仍然茂盛，不禁心旷神怡。

32号树木：

大有乡李峪村槐树

Sophora japonica

科属：豆科槐属

树龄：500 年

保护等级：Ⅰ级

武乡名木

在大有乡李峪村，生长着一棵 500 年树龄的槐树，树高 17 米，树围 4.9 米，冠幅 12.5 米。这棵老槐树屡遭严寒而不屈，历经酷暑而不息，昂然而生、历久弥壮的槐之气质，成就槐之百年康壮，被人们尊崇为"树神"而敬之。

老树、昏鸦，流水、人家，乡愁的印记在人们心中是美好而神圣的，这棵老槐树同样也是李峪村人乡愁的寄托。同时，这棵老槐树也历经抗日战争伤痛，见证了那段烽火岁月。

"地雷大王"王来法就是李峪村人。1941 年春，担任抗日自卫队队长的王来法参加了县武委组织的爆破技术学习班，很快掌握了装雷、埋雷技术。学习完毕，他回到村里，就在这棵大槐树下把所学到的技术传授给了民兵们，还组织妇女们制作地雷。他还经过自己的精心研究和反复试验，成功试制了石雷、木雷、瓷雷、子母雷、连环雷、天雷、回头雷等 20 多种地雷，在阵式上设计了梅花阵、凤凰阵、蛇形阵、群体欢送阵等形式多样的阵法。

他们把地雷挂在槐树上。等到敌人经过时，便拉动牵着地雷的绳索，或者把地雷埋在树下，打得敌人措手不及。他们还在井口、门上设下了真雷、假雷、明雷、暗雷和诱敌地雷……就这样，王来法在实际斗争中创造了多种多样的地雷阵。自卫队员们也在他的带领下，一个个智勇过人。打得日军到处叫喊着："天不怕，地不怕，就怕李峪王来法！"王来法曾出席太行区首届群英大会，荣获"太行地雷大王"的英雄称号，晋冀鲁豫边区也奖励给他一面上书"抗战柱石，建国先锋"的锦旗，还在边区开展了轰轰烈烈的"王来法爆炸运动"。王来法研制的地雷和阵形给敌人以重创，为抗战的全面胜利做出了贡献。

至今，老槐树仍然是村里一道靓丽的风景，同时也是国盛、村荣、人旺的见证者。

贾豁乡李家垴村
松树

Pinus tabuliformis Carrière

科属：松科松属

树龄：300 年

保护等级：II 级

武乡名木

在贾豁乡李家垴村有一棵树龄 300 年的松树，松树属常绿乔木，自古梅、竹、松为岁寒三友，苍松翠柏，格调高洁。

松树树冠呈塔形。树皮灰褐色，裂成不规则鳞块状。针叶 2 针一束，长 10—15 厘米。雌雄同株。雄花呈柱形，聚生于新枝下部，雌花单生或聚生于近新枝顶部。球果卵圆形，种子卵圆形或长卵圆形。花期在 4—5 月，果期在翌年 9—10 月。

因松树喜光、抗风、抗瘠薄，适应性强，根系发达，所以在武乡县各地多有栽种。其树姿雄伟，枝繁叶茂，有良好的水土保持和保护环境的效能，故成为武乡山区生态支撑的重要屏障。

34号树木:

贾豁乡上王堡村
勾儿茶树

Camellia japonica L.

科属: 鼠李科勾儿茶属
树龄: 150 年
保护等级: Ⅲ级

古树名木保护牌

树名：茶 树　　编号：WXGS0063

树龄：150年　　保护级别：三级

管护责任单位：贾豁乡上王堡村村委

武乡县绿化委员会　二〇一一年十一月

在贾豁乡上王堡村有一株珍稀的勾儿茶树。

勾儿茶是鼠李科勾儿茶属植物，一般为藤状攀缘灌木或直立灌木，幼枝黄绿色，光滑无毛。叶纸质，上部叶较小，卵形或卵状椭圆形与卵状披针形。能长成乔木树种不易，而且生长到一定树龄易枯心，并常从基部产生新的分枝，因而难以长成大树。上王堡村的这棵勾儿茶树，实属珍贵稀缺。而且勾儿茶还有特殊的功效，勾儿茶根可入药，有祛风除湿、散瘀、消肿止痛之功效。

1939 年 11 月，著名爱国军人范子侠带领冀察战区游击第二路军第二师毅然决定易帜，接受八路军领导，改编为"八路军平汉抗日游击纵队"，简称平汉纵队，列入一二九师序列。1940 年 2 月，由于日伪对平汉纵队实行围歼，一二九师出于对平汉纵队的保护，决定调平汉纵队进驻武乡，一方面进行休整、补充兵源，另一方面接替三八六旅执行保卫八路军总部、中共中央北方局等首脑机关的重任。平汉纵队就驻扎在贾豁乡一带，平汉纵队第二团就住在上王堡村。纵队还在上王堡村举办了平纵干部训练班，学员有基层连排干部和个别班长，也有机关参谋、干事，主要学习党的统一战线主张、军队纪律与战时政治工作、一二九师对日作战的特殊战例等。野战政治部、师政治部派政工教员来担任教师，野政组织科长李文楷、青年科长魏洪亮，师政治部副主任黄镇等同志专程前来讲课，培训了 200 余名中层、基层干部。

1940 年 5 月，一二九师发起白晋铁路北段破击战役，平汉纵队的任务是破击白晋线勋欢至土门段，并扼守分水岭高地，以掩护南关等重点路段的破击。范子侠率领所部参加了白晋路破袭战，经两天两夜的激战，我破路大军共破坏铁路 50 余公里，炸毁桥梁 50 余座、火车 1 列、仓库 2 座，毙伤敌 350 人，平汉纵队也缴获了许多战利品。战役结束后返回驻地，不少战士负伤，伤口肿痛，流血不止，而八路军当时缺医少药，只能用点盐水清洗。村里的老人知道勾儿茶根可以消肿止痛，就刨来树根熬了一大锅，每天给伤员清洗伤口三次，果然伤员们恢复得很快。

1940 年 6 月底，一二九师对所属部队进行了大整编，平汉纵队与边纵一、三团及决死队所属保安第六团合编为一二九师新十旅。部队整编后，又开赴新的战场。

武乡名木

35号树木：

上司乡蒋家庄村
兄弟槐
Sophora japonica

科属：豆科槐属
树龄：300 年（两株）
保护等级：Ⅱ级（两株）

在上司乡蒋家庄村的上楼院，有两棵种植于清朝康熙年间的老槐树至今仍然郁郁葱葱。老树高十余米，树身粗壮，两个成年人伸展手臂都不能环抱。

相传当年蒋氏一族从武乡蒲池村迁来，八世祖蒋义教育儿孙晴耕雨读，家业也越来越兴旺，原来居住的下楼院因人口渐多，遂另择良地，在距离下楼院不远的高坡处兴建起两幢土木结构的小二楼。小楼建起，两房兄弟各分得一幢小楼，加上靠山坡的窑洞，构成一处院落，之后在楼院前面又分别盖了房子，两房人分居东西两侧，被称为东楼底、西楼底。楼建好之初，楼前的空地东西栽下两棵槐树，寓意为庇荫后代，幸福吉祥，希望儿孙勤耕苦读，以获得功名，报效国家。槐树渐渐长大，树下支起了石桌、石凳，子孙们谨记祖辈教诲，辛勤劳作，下地归来后，在树下小憩，农闲时在树下下棋、聊天、吃饭，孩子们也在树下读书、玩耍，村里人称其为"槐树场"。老槐树见证了蒋氏一族家族和睦、人丁兴旺的三百年历程。

抗日战争时期，蒋家后人不屈于敌人淫威，男人当兵上战场，女人在家纺花织布做军鞋，支援八路军。1938年春，

著名的长乐村战斗打响，八路军七七一团在浊漳河南岸的山梁上给日军以痛击。蒋家庄村人积极支持八路军，在老槐树下支起大锅熬米汤、做汤面、烙大饼。全村老少齐上阵，挑水的挑水，看火的看火，和面的和面，烙饼的烙饼，槐树下的热闹场面，体现了武乡人民支援八路军的积极与热情。快到中午时分，男人们用砂罐装好饭，挑着给八路军战士送到前线。此后，槐树场就成了村里人抗日活动最重要的场所：减租减息在这里开动员会，送子参军在这里戴红花，捐献军鞋这里是收购站，组织互助这里是报名处……

和平年代，蒋家庄村年轻一代几乎家家有大学生，他们学成归来后，在不同的行业和领域贡献自己的力量。如今的村庄更是被评为山西省美丽乡村试点村、省级平安村。

武乡名木

36号树木：

上司乡良则脚村
皂荚树

Gleditsia sinensis Lam.

科属：豆科皂荚属

树龄：380 年

保护等级：II 级

在上司乡良则脚村生长着一株皂荚树。树龄 380 年，树高 14 米，树围 2.2 米，冠幅 8 米。皂荚树是豆科皂荚属落叶乔木，生长速度慢但寿命很长，而且也是一种多功能的经济型树种。皂荚种子含有丰富的半乳甘露聚糖胶和蛋白质成分，半乳甘露聚糖胶因其独特的流变性而被用作增稠剂、稳定剂、黏合剂、胶凝剂、浮选剂、絮凝剂、分散剂等，广泛应用于石油钻采、食品医药、纺织印染、采矿选矿、军工炸药、日化陶瓷、建筑涂料、木材加工、造纸、农药等行业。皂荚树的木材坚实，耐腐耐磨，黄褐色或杂有红色条纹，可用于制作工艺品、家具。皂荚树的荚果、种子、枝刺等还有特殊的药用价值，荚果入药可祛痰、利尿，种子入药可治癣和通便秘，皂刺入药可活血并治疮癣。皂荚树以果实、种子入药，不过最典型的用途是洗涤。

在抗日战争的艰苦岁月里，良则脚村因地形隐蔽，八路军打了游击战后，常到这一带休整。1943 年，太行三分区七六九团参加了强袭柳沟战斗和蟠龙围困战，此后较长时间在武乡分散活动，以营、连、排为单位与地方武装密切配合，开展群众性游击战争，其各部几乎跑遍了武乡各个村庄。良则脚村也成为七六九团常来的一个地方，之后十三团、十四团也来到此地。

每次八路军到来，村里就组织妇女拥军组帮助八路军洗衣服，那时候没有肥皂，没有洗衣粉，她们就把从这棵树上摘下来的皂荚捣成粉末状，这是天然的清洁剂。八路军战士则帮助百姓种地、担挑收庄稼，显示了军爱民、民拥军的鱼水深情。

武乡名木

37号树木：

上司乡冀家垴村
槐树
Sophora japonica

科属：豆科槐属
树龄：1000 年
保护等级：Ⅰ级

在上司乡冀家垴村的大路边，有一棵树龄达千年的老槐树，树高 15 米，树围 2.3 米。它以欹侧盘曲的身姿守护着村庄，一守就是千年。老槐树见证了村庄的生死悲欢，见证了村庄的历史沧桑，静默地安卧于村中路旁。历史的烽烟早已散去，但老槐树目睹的一幕惨景却始终令人难忘。

1943 年农历五月二十五，八路军七六九团郭排长带领着的新兵，在这里遭遇了敌人的袭击。这批新兵是刚刚从河北涉县、武安等地招来的，前一天他们来到了这个陌生的地方，一切都还不熟悉。然而，让他们没有想到的是，汉奸魏黑山带领日本鬼子悄悄摸进了村庄，用枪瞄准了这些毫无准备的战士。老槐树下，敌人的机枪叫嚣着不断扫射，一个个青春的身姿悲壮地倒下了。战士们有的倒在院中，有的挂在墙上，有的止步于大门，有的竟被烧死在窑洞中。他们带着遗憾，带着未酬的壮志，永远地离开了。除了郭排长跳上魏拴紧家窑洞的房檐，一名新兵躲进魏海棠家的石仓外，其余 19 名战士以及当时未走脱的 3 名村民魏磨锁、魏九锁、魏尔存都不幸离开了人世。另有魏月胜、赵树珍、杨成兰等 5 人重伤，还有 4 人轻伤。老槐树在呜咽，在悲戚。

敌人的淫威没有吓倒冀家垴人，他们掩埋了烈士的遗体，开始了对敌斗争。在整个抗战期间，老槐树看到了冀家垴人的抗争与不屈，看到了冀家垴人为追求和平和自由的努力。如杨天中等人为八路军引路，提供食宿，还远去河北涉县、和顺县等地送军粮，村里的民兵多次与八路军共同作战，甚至到段村袭击敌人的碉堡。

1950 年，郭排长与另一位幸存的战士，惦记着长眠于此的 19 名战友，带领老乡专门前往河北涉县，其中 9 具战友的遗体跟着亲人回家，剩下的 10 具遗体或许是亲人在战火中牺牲，或许是在战争中辗转失去了音讯，依旧长眠于冀家垴的土地。

如今，老槐树依旧枝繁叶茂，庇佑着这一方百姓。

武乡名木

38号树木：

丰州镇连元村槐树群

Sophora japonica

科属：豆科槐属

树龄：270 年

保护等级：II 级

在丰州镇连元村有几棵古槐，最大的有近 300 年树龄。虽然树龄不是很突出，但这几棵树却见证了一件非常突出的故事。

1937 年 9 月，八路军一一五师进行了平型关战役等，部队严重减员，师部决定六八五团以三营十一连为主，组织成扩兵队，深入到太行山区征兵。11 月初，八路军扩兵队到达武乡，本准备住在县城（今故县村），但在来时的路上遇到从安阳开来的国民党第十三军部队。他们装备很好，还配有钢盔、防毒面具，步枪除少数口正式外，大多是德国造的，服装也很好。国民党十三军威风凛凛，一路开进县城。当时天色已晚，八路军扩兵队就选择在县城西门外一个小山村连元村住下。第二日早晨才知道，十三军第四师师部特务营也和八路军杂驻在一起。

第二天一早，六八五团的政治宣传员就把招兵的宣传广告标语贴在街头、墙上，贴在这几棵高大的槐树上，并在村里进行征兵宣传，号召大家参军参战，保家卫国。国民党部队第十三军第四师政训处长居然不让八路军招兵，硬说是他们先到的，这里的兵员要首先让十三军征。八路军的负责同志说：现在国共合作抗日，执行抗日民族统一战线，我们都是国民革命军，希望两军能在抗日前线携手杀敌，共同为国为民出力，为什么不能一起招兵呢？那个处长一脸骄横，蛮不讲理，还假托照顾八路军，说这一带的兵员本应归他们，既然八路军也想在这里征兵，那就两支部队都不能在外面宣传鼓动，让村里的青年自愿选择参加的部队。为了国共关系，八路军扩兵队同意了这个方案。可是没想到，村里的青年在槐树上看到八路军的招兵广告后，都来报名参加八路军，而十三军的征兵处却门可罗雀。十三军就派人来询问他们为什么要参加八路军。青年们回答，八路军常打胜仗，平型关战役我们都听说了，威震华北，要是跟那些败军之将不是去送死吗？几句话说得对方哑口无言。就这样，六八五团扩兵队一路走，一路都有青年报名参军。在武乡、襄垣、屯留等地招收新兵千余人，不仅补充了六八五团，还又新组了补充团。

武乡名木

39号树木:

**丰州镇郝家垴村
槐树群**

Sophora japonica

科属：豆科槐属
树龄：130 年（三株）
　　　230 年（两株）
保护等级：Ⅲ级（三株）/
　　　　　Ⅱ级（两株）

　　在丰州镇郝家垴村有几棵长在一起的槐树群，其中三棵
生长的位置呈一条线，因此被村人称为风脉树。先人栽植在
庭院或宅旁，穿越历史时光，荏苒至今。其树干苍劲，树冠
参天，很适合当作遮阴树。百年古槐与古院门庭映衬，是优
良的古村风情风景树种。

40号树木：

丰州镇牛家庄村槐树

Sophora japonica

科属：豆科槐属

树龄：300 年

保护等级：II 级

武乡名木

武乡丰州镇牛家庄村的乡间小路旁有一棵老槐树，约有 300 多年树龄，树高约 15 米，冠幅 10 米左右，树围大约 4 米。

1940 年夏天，日本鬼子与据段村，在段村周围修筑工事，城墙上修筑了密集的射言孔，四周碉堡高高耸起，城外还设了多处外围炮楼，层层封锁，阻碍八路军进入，武乡县被迫分为武东和武西两个县。日军来到后，强迫附近村庄组织维持会，为日军办事，哪个村不搞维持会，日军就去哪里杀人放火抢东西，附近几个村都被迫建立了维持会。日寇还不断四出"扫荡"，到处烧杀抢掠抓民夫，对根据地造成很大的威胁。

当时，八路军太行第三军分区在武乡东部的大有村驻扎。为了掌握敌人动态，更好地打击敌人，派遣特工人员扮作农民进入段村，刺探敌人的情报。1942 年，又在段村建立了敌工站，把了解到的敌人动向传到三分区。牛家庄村处于段村到大有村的中间地段，敌工站的情报人员与军分区机关约定把老槐树下作为接头地点。

敌工人员刺探到情报，就送到牛家庄村的大槐树下，找到约定的地方，把情报藏起来，等待情报人员取走。老槐树下成了情报中转站，一份一份情报被送来，一份一份情报被取走。八路军根据情报掌握了敌人的动态，八路军与武乡独立营、民兵、游击队，经常在半路设伏袭击敌人，使得敌人走投无路，处处挨打。1945年8月，八路军进行大反攻，太行军区部队在李达司令员的亲自指挥下，集中优势兵力，进行了解放段村战斗。这棵老槐树见证了八路军情报人员的机智勇敢，见证了他们为夺取抗日战争胜利立下的功劳。

武乡名木

41号树木：

石北乡石北村
槐树

Sophora japonica

科属：豆科槐属

树龄：180 年

保护等级：Ⅲ级

在石北乡石北村有一棵高大的槐树，树龄近200年，树干有两人合抱之粗，绿荫如盖，郁郁葱葱。这棵树见证了当年石北村郝云书建染坊支援八路军的这段历史。

1940年11月，武西县抗日政府决定在石北村组织石北合作社，由郝云书与任汉忠负责。郝云书是石北村人，他父亲是十里八村有名的能人，外号"万事通"，木匠、石匠、铁匠、油匠什么活都会做。郝云书从小就跟着父亲学染匠，染土布，家里也开过小染坊，他学了一手好技术。组织要求郝云书与任汉忠两人在石北村组织合作社，打破敌人的封锁，设法调剂物资与农民生活必需品，以保证方圆二三十村的群众生活供应，但当时要钱没钱，要房无房，日本鬼子占领了交通要道，这工作怎么开展？更要命的是，敌人三天两头出来"扫荡"，人心惶惶，生活不稳定，要搞商业经营，谈何容易！两人商量着要想搞好合作社，还得靠大家的力量，于是在周围几个村子里发动群众，集资入股，群众用什么他们就购进什么，针头线脑、酱醋油盐，再也不用发愁了。他们挑着货郎担，走村串户，送货上门，虽然是小本生意，但却解决了大问题，后来又吸收了10多个新人参加进来，这样村子走得多了，生意也自然做得大了。

　　1942年以后，根据地进入极端艰难的时期，军队的穿衣、穿鞋都非常困难。为了解决这一问题，根据地妇女就主动承担起这一光荣任务。她们拿出自己仅有的布料，精心给八路军做鞋做袜，有的没有布料，就向亲戚朋友借。后来，上级号召开展纺织运动，武西各村的纺织运动普遍开展起来。可是，石北一带由于距离段村日军太近，谁也不敢赶集买货，物资无法流通，棉花缺乏，土布没法销售。面对这个问题，郝云书想：合作社如果购进棉花，再开个弹花作坊，对生花进行加工，卖给群众纺花、织布，然后收购布匹，再开个染坊，染成成布出售，这样合作社的生意不就越做越大吗？任汉忠说，这个想法好是好，可是要钱没钱，要场地没场地，怕是一下子做不成，不行咱们先想办法过白晋线运些棉花回来，让大家开始纺织。郝云书说，我家腾出一间房来弹花，我家以前还开过小染坊，设备、工具、染料都还能用，咱们利用起来不就可以解决这个困难了吗？就这样，他们从仅仅做购销变成了一个供产销联合体，一开始去购棉花没本钱，他们就逐家逐户跑，"明天要去购棉花，你们纺织要用就给你们捎回来"。这样把大家的钱集中起来跑买卖，很快资本积累起来，他们一分钱也舍不得乱花，开始发展弹花、染坊。

　　郝云书是染坊的"大把式"，为了扩大经营，他不仅染老百姓用的黑布，还去八路军服装厂联系给八路军染军用布。村里槐花和黄土多，原色布和这两种东西一起煮就变成了土黄色；春季他们就将槐花打下来，晾干碾碎，和染料拌在一起调匀，这样染出的布色调鲜艳，永不褪色。这棵老槐树和其他槐树自然派上了大用场　他们一次次尝试，不停调试，最终染制出土灰色军服布料。随着业务扩大，仅石北附近妇女们织的布不够销售，他们还去涌泉、故城一带收购土布来染色加工。

如今，老槐树依旧枝繁叶茂，旁边又有小槐树长出，它们用满眼的绿色装点着这个村庄，让村庄的夏天格外地美。

武乡名木

42号树木：

石北乡神西村
松树
Pinus tabuliformis Carrière

科属：松科松属
树龄：120 年
保护等级：Ⅲ级

　　在石北乡神西村有一棵树龄 120 年的松树。油松喜光、抗风、抗瘠薄，适应性强，根系发达，种子繁殖能力强，可用于大面积造林用，所以在武乡县分布极广。该树种除少数为天然次生林外，多为人工栽植，从山间到沟坎，从县城到乡村，路旁、公园，都有栽种，已成为武乡山区重要的生态支撑屏障。

武乡名木

43号树木：

石北乡神西村
小叶杨
Populus simonii Carrière

科属：杨柳科杨属
树龄：125 年
保护等级：Ⅲ级

在石北乡神西村有一棵树龄125年的小叶杨。小叶杨是杨柳科杨属，落叶乔木，树皮通常是灰绿色，老皮暗灰色，深纵裂。小枝和萌发枝有明显的棱脊。冬芽细长，有黏液。单叶互生，叶小，叶片椭圆形，长4—12厘米，宽2—8厘米，中部以上较宽，先端尖。雌雄异株。花期在3—5月，果期在4—6月。

因其根系发达，萌芽力强，寿命长，故而使小叶杨成为中华人民共和国成立之后造林的主要树种之一。武乡有大量栽植，特别在农村的房前屋后到处可见，现有百年以上大树多株，树围粗犷，可容两人合抱。

44号树木：

石北乡神西村
古柳树

Salix matsudana

科属：杨柳科·柳属

树龄：105 年

保护等级：III 级

武乡名木

在石北乡神西村有一棵树龄 105 年的古柳。柳树是落叶乔本，树皮黑褐色，沟裂。小枝直立或斜展，淡黄色或绿色。叶披针形，长 4—9 厘米，宽 5—12 毫米，先端长渐尖，上面绿色，下面灰白色。雌雄异株，花期 4 月，果期 5 月。

柳树容易繁殖，移植成活率高，绿期长，适生范围大，在年平均气温 2 摄氏度，极端最低气温零下 30 摄氏度条件下无冻害，在夏季极端最高气温 40 摄氏度时也能正常生长。因为其喜光，耐干旱，萌芽力强，根系发达，因此成为优良的生态和园林绿绿化树种。

柳树原产于中国，在武乡的乡村尤为多见，是地道的乡土树种。

石北乡小良村
野山杏

Armeniaca sibirica (L.) Lam.

科属：蔷薇科杏属

树龄：240 年

保护等级：Ⅱ级

武乡名木

在石北乡小良村苏家沟顶有一棵树龄 240 年的野山杏，树高 6 米，树围 3 米，冠幅 5 米。这棵野山杏也是当年武西县政府在小良村时设的一个哨点。

1940 年 7 月，日军沿白晋线东进，占领东村、段村一带，直插武乡中部地区，不断扩大"维持"区，向周围地区不断抓丁、抢粮，并强行修道榆武、沁武公路，彻底切断了武西办事处与抗日县政府的联系。为了适应对敌斗争的形势，中共武乡县委经上级批准，正式将武乡县划分为武乡（东）、武西两个县。

1941 年 4 月，武西县正式开始行使县政府职权。该县大部分地区为敌占区、游击区，县委机关先后流动于圪嘴头、泉则头、石壁、楼则岇、神西、园则沟、小良、石盘、会同、长谐、南家沟等地。

在武西县政府驻小良村期间，为了防止日军的侵扰和政府机关安全，在这棵野山杏下设了哨点，村里青壮年轮流在树下值守。因为放哨时大家都尽心尽职，武西县政府在小良村时未受到破坏。

如今，野山杏树依旧静静地挺立于苏家沟顶，守护着这个美丽的山村。

46号树木:

石北乡楼则峪村
皂荚树
Gleditsia sinensis Lam.

科属: 豆科皂荚属

树龄: 220 年

保护等级: Ⅱ 级

在石北乡楼则峪村有一棵200余年的皂荚树，位于村西北半华里处一个叫黄娄沟的河湾地，这种树木属于濒危少见的树种。据初步了解，皂荚树在山西境内也寥寥无几。皂荚树的木质坚硬、光滑，耐生长，老百姓在贫困时期常用皂荚洗衣，洗得很干净。皂荚还可以当药用，主要用于消食、开胃，效果良好。

1940年7月，日军占领武乡中部段村镇，把武乡分为东西两块。为了适应新的对敌斗争形势需要，在武乡县的原辖区东村以西至分水岭一带成立了武西县，并将沁县白晋路东地区划归武西，同时将武乡县分水岭一带白晋路西的西郊、贾封等33村划归平遥。在原武西办事处的基础上，组建了中共武西县委、县政府机构。

由于武西县是游击区，县委、县政府机关先后在十来个村庄驻扎，而圪嘴头村是相对驻扎时间较长的村庄。县委、县政府在这里领导人民，与军队紧密配合，协同作战，开展了艰苦的反"蚕食"、打"维持"、反"清剿"、反抢粮斗争。广大民兵运用地雷战、麻雀战、窑洞战、围困战等形式，机动灵活地打击日伪、汉奸，粉碎了日军对根据地的残酷"扫荡"。武西县委、县政府组织生产，发动妇女纺织，克服了自然灾害带来的严重困难。他们在这里度过了最艰苦的岁月，拆洗衣服没有肥皂，就用这棵树上的皂荚捣碎，加入水中将衣服浸泡，这样洗出来的衣服非常干净。村民知道县里的干部和部队战士们需要它，就收集皂荚送给他们，可他们总是要按照市价将钱或米付给百姓，百姓们不要，可他们说"不拿群众一针一线"是八路军的纪律。

47号树木：

石北乡楼则峪村槐树

Sophora japonica

科属：豆科槐属

树龄：270 年

保护等级：Ⅱ级

  在石北乡楼则峪村旧街，生长着一棵约 270 年树龄的古槐，树高 30 米，树干直径 1.5 米，冠幅 6 米。这棵古槐树高高耸立，遮天盖地，3 人抱不住。春夏绿叶葱茏，槐花飘香；秋冬高耸云端，挺拔苍劲。老槐树宛如一把巨伞罩在村庄，又如一位历尽沧桑的老人迎接着来往的客人。传说此树是清朝乾隆年间所种，槐树下也流传着许多或甜蜜或忧伤的故事。

  在抗日战争时期，楼则峪村的抗日村长、地下共产党员王马为与王河江、王成志、王福秀等人约定将街道的古槐树院内定为深夜秘密联络的接头地址，而这棵老树，夜晚黑影大，易于放哨，易于隐蔽。在夜色的笼罩下，他们在槐树院开会，谈论组建民兵自卫队、支援抗战等事宜，自卫队员就在槐树背后放暗哨，从没出过差错。1940 年夏，日寇占领武乡中部的段村镇后，妄图在周边村扩展其统治势力，楼则峪村干部群众多次在此开会讨论，坚决反对。日寇经常不断地来"扫荡"，进行经济封锁。村里的老百姓吃了上顿接不上下顿，但无论有什么困难，大家都努力克服。春天，槐树花儿开了，人们纷纷到古槐树下采摘槐花，伴着野菜充饥，勉强维持生命。那时很多人都得了浮肿病，在艰

难困苦的抗战岁月里，这棵古槐树不知救活了村里多少人的生命。

古槐树记录了村庄的历史，目睹了村庄的变化。今天的古槐树青春依旧，楼则峪村庄的生活也越来越好了。

48号树木:

石北乡义门村槐树

Sophora japonica

科属：豆科槐属

树龄：350 年

保护等级：Ⅱ级

武乡名木

在石北乡义门村西，有一棵老槐树见证了义门村百年沧桑，见证了八路军总部在义门村驻扎的短暂时光。

1938年4月14日，八路军总部从马牧村转移到义门村。当时日军柏崎联队闯入根据地，在武乡到榆社一带烧杀抢掠。义门村四面环山，地形十分隐蔽，又靠近武乡至榆社大道，便于观测战况，是个较为理想的指挥所。八路军总部进驻义门村后，就立即认真分析敌人动向，积极部署反围攻作战。

4月15日傍晚，日军从榆社再返武乡县城。这一次日军更加疯狂，千方百计寻找牛羊畜禽，杀之以充饥。为了打击这股敌人，朱德、彭德怀继续施用连环计，急调一二九师主力来到武乡县城以西的东、西黄岩一带。此时，日军肆虐武乡县城之后，沿浊漳河东去。朱、彭立即与刘、邓通话，部署作战任务，要求一二九师并指挥三四四旅之六八九团在武东歼灭敌人。16日拂晓，三八六旅追到长乐村附近，七七一、七七二团左右两路部队形成了极好的夹击之势。陈赓命令放过柏崎联队主力，将柏崎部队之笠原大队以及辎重队约1500人夹击于武乡以东长乐村地区进行猛烈攻击。中午时分，前面的日军回援，我军又将其压在浊漳河河谷，激战至下午5

时，消灭日军 2 200 多名。4 月 20 日，八路军总部离开驻扎 6 天的义门村，移驻寨上村。

八路军总部在义门村期间，为了总部机关的安全，总部警卫连专门在村西高地的这棵老槐树下设立岗哨，全村及路口从这里可一目了然，是一个很好的哨位。警卫战士日夜站岗，认真巡查，为保卫总部安全做出了贡献。

49号树木:

涌泉乡大良村槐树

Sophora japonica

科属：豆科槐属
树龄：170 年
保护等级：Ⅲ级

武乡名木

在涌泉乡大良村的孝文帝庙（俗称大庙）有一棵百年老槐树。此庙为纪念魏孝文帝即北魏孝文帝拓跋宏（467—499年）而设。拓跋宏是北魏第七位皇帝，他是中国历史上杰出的少数民族政治家、改革家。拓跋宏为太子时，按照北魏子贵母死制度，生母惨遭赐死，由祖母文明太后抚养成人。在位期间，对鲜卑化的朝廷进行了一系列改革：整顿吏治，立三长制，实行均田制；全面改革鲜卑旧俗，以汉服代替鲜卑服，以汉语代替鲜卑语，改鲜卑姓为汉姓，自己也改姓"元"，并鼓励鲜卑贵族与汉人士族联姻；改革北魏政治制度，严厉镇压反对改革的守旧贵族，处死太子元恂。这些措施加速了民族融合，推动了社会进步。所以他备受百姓敬重，特别是太和年间迁都洛阳时途经武乡，后人在此立庙。千百年来，大庙香火旺盛，一直是村人祈福之所。

抗日战争时期，因为这里地形隐秘，武西独立营常驻村中，大庙也成为独立营的主要驻扎地。老槐树也见证了武西独立营与民兵游击队打击侵略者的辉煌历程。1944年，武西独立营驻在大良村，凌晨时分，段村、南沟的敌人分两路来"扫荡"。村口放哨的民兵观察到敌情立即打警报，涂学忠营长就命令部队掩护群众转移到后山隐蔽，然后在敌人的必经之路上埋伏，村里留了一个排在主要道路上布置地雷。天刚刚亮，山下的敌人已在村里乱哄哄的，闯东院串西院寻找东西，有抢被褥的，有抢粮食的，不过时不时就踩响了地雷，弄得敌人心惊肉跳。折腾了半天，快到晌午时，除了地雷"欢迎"他们，他们什么也没得到，只好撤退。涂营长在山上用望远镜看得清清楚楚，见敌人要撤退，就命令大家隐蔽好，然后瞄准敌哨兵打了个排子枪，敌人马上跑出来，正好进入独立营的埋伏圈，被我军一阵痛打，一群残兵败将狼狈地夹着尾巴溜了。

如今，老槐树郁郁葱葱，枝繁叶茂，树干高22米，粗2.6米，依旧为来大庙祈福的百姓遮阴蔽凉，也目睹着大良村翻天覆地的变化。

50号树木：

涌泉乡寨上村
侧柏

Platycladus orientalis

科属：柏科侧柏属

树龄：300 年

保护等级：Ⅱ级

武乡名木

古树名木保护牌

市皇廟

涌泉乡寨上村的侧柏树已有300多年树龄，树高13米，树围1.5米，冠幅6米，位于村中一座玉皇庙院内。玉皇庙始建于明朝，为三进院落，建筑规模宏大。

1938年4月20日，八路军总部进驻寨上村时，野战政治部机关就驻在玉皇庙中。总部进驻当天，就在这座庙前召开了粉碎日军九路围攻祝捷大会，展出长乐村战斗缴获的战利品。这棵高大的柏树上悬挂着"抗战到底"的巨幅标语。

当八路军总部驻扎在武乡县寨上村时，军中不少南方人水土不服生了病，村上有位很有名的老中医叫弓应卯，主动申请为他们治疗。他又用针灸又用小偏方，利用当地的中草药，其中柏树枝有凉血、止血、抗菌、消炎、祛风、除湿等功效，也少不了在这棵柏树上采集，通过这些偏方，几天时间就见效了，老中医还将医疗方法传授给部队医生。朱总司令对此非常满意。

如今，这座小庙和庙前的参天古柏，应该还对当时的盛况"记忆犹新"吧，那摇摆的柏枝仿佛正在向后人讲述这段令人振奋的往事。与会军民达上万人的祝捷大会还专门设置了陈列区，展览了反"九路围攻"战役开始以来，特别是长乐村战斗缴获的战利品。在祝捷大会上，八路军总部火星剧社表演了活报剧——《打鬼子去》：几名日本鬼子端着刺刀，正追赶着一群扶老携幼的群众。忽然，日本鬼子开枪打死了几个逃难的群众，抓住一名怀抱婴儿的妇女，凶残地把婴儿摔在地上……台上流着鲜红的血，台下燃烧着愤怒的火，与会军民振臂高呼："打倒日本帝国主义，把日本鬼子赶出中国去！"祝捷大会后，八路军乘胜追击，一举收复了武乡、辽县、安泽、沁源、沁县、壶关等 18 座县城，经过半个月的反围攻作战，共歼敌 4 000 余人。

八路军总部在寨上驻扎了 33 天。这棵古侧柏见证了八路军指战员的言行，以及他们不畏艰难、不怕牺牲，人民利益高于一切的无私奉献精神，为寨上人留下了巨大的精神财富；他们与村民结下的浓厚情谊，永远激励着老区人民……

51号树木：

涌泉乡蚂蚁乢村油松

Pinus tabuliformis Carrière

科属：松科松属

树龄：300 年

保护等级：Ⅱ级

武乡名木

在涌泉乡蚂蚁辿村余底沟口，距离新公路不远处的一处老坟，有一棵树龄 300 多年的油松，树高 7 米左右，树围约 0.6 米。树呈伞形，平顶。油松所在的这道沟是当年县武工队、武西独立营开荒进行大生产运动的地方，也是指战员们劳动之余临时休息的地方。这棵老松树见证了八路军大生产运动的热烈场面。

蚂蚁辿村是个地形隐秘的村庄，武西抗日县政府成立后，这里曾经驻扎过许多部队、机关。不仅有县委、县政府机关，而且十四团、决九团、武工队、武西独立营等都曾在此驻扎，这里成为武西游击根据地的指挥中心。在县委、县政府的领导下，当地人民抗日气势高涨，信心坚定。青年踊跃报名参军，留守的年轻人参战当民兵，乡亲们争相出力、出物资，抗日运动搞得轰轰烈烈、热气腾腾。

蚂蚁辿是个不大的村庄，很多部队先后进驻，为了保障日常生活所需，军民就一起种菜、种粮。如武工队和独立营分别在村子的东井、西井种菜，在牛圈沟、余底沟等处种上了玉米、土豆等作物。春种、夏锄、秋收，大家一起下地劳作，一起回家。虽然时不时有敌人侵扰，但是大家团结一心，既要保证安全，也要保障生产。在劳作间隙，战士们在地头的树下休息、唱歌，老百姓也跟着一起哼唱，其乐融融。每到中午时分，妇救会组织做好饭，用木筲、铁锅把饭送到地头，大家就在这棵松树下吃饭。这棵古老的油松也见证了军民鱼水深情。

52号树木：

故城镇五科村
油松

Pinus tabuliformis Carrière

科属：松科松属

树龄：200年（四株）

保护等级：II级（四株）

武乡名木

在故城镇五科村有几棵 200 年树龄的油松。油松属常绿乔木，树冠呈塔形，树皮灰褐色，裂成不规则鳞块状。针叶 2 针一束，长 10—15 厘米。雌雄同株。雄花呈柱形聚生于新枝下部，雌花单生或聚生于近新枝顶部。球果卵圆形，种子卵圆形或长卵圆形。花期在 4—5 月，果期翌年在 9—10 月。

53号树木：

故城镇高仁村
油松
Pinus tabuliformis Carrière

科属：松科松属
树龄：200 年
保护等级：Ⅱ级

武乡名木

在故城镇高仁村的村口圪梁上有一座晋王庙，庙前有一棵老松，树干高约 8 米，树围 1.9 米。晋王庙供奉的神是唐僖宗时期的晋王李克用。李克用本姓朱邪，其先祖为突厥人，后移居沙陀，其祖父降唐。唐咸通十年，其父朱邪赤心因平乱有功，被赐姓名李国昌，封镇武军节度使，本人亦被赐名李克用，授官云中太守。克用骁勇善射，一箭能射双。唐僖宗时，义军四起，黄巢军声势浩大，攻入长安。僖宗召李克用发兵，不久克复长安，因此封爵晋王。因李克用曾在武乡一带打仗，备受人们尊敬，所以立庙祭祀。后因年代久远，晋王庙倒塌，人们又在此修了五道庙。

1938 年 3 月，根据八路军总部指示，一一五师三四四旅进驻武乡，旅部就驻扎在高仁村。旅长徐海东、政委黄克诚在此组织了整军工作。4 月初，日军集中兵力分九路围攻晋东南，朱德、彭德怀立即下令在晋东南各部以一路兵力钳制各路进攻之敌，集中主力相机击破其中一路。三四四旅在反围攻作战中，同仇敌忾，浴血奋战，与参战各部队密切配合，取得了晋东南反击日军"九路围攻"的巨大胜利，收复县城 18 座，歼敌 4 000 余人，奠定了太行山抗日民主根据地的基础。反围攻战斗结束后，三四四旅一方面坚持太行抗战，另派一部迅速从太行山区向冀南、豫北平原及铁路沿线展开，开辟平原根据地。

三四四旅在高仁村驻扎期间，这棵古松下，就是当年的一个重要哨点。从这棵古松所在的高地处望去，远处道路、草木、行人清晰可见。这棵老松树与树下站岗放哨的战士一起守护着村里百姓与部队机关的安全。

54号树木：

故城镇山交村槐树

Sophora japonica

科属：豆科槐属

树龄：540 年

保护等级：Ⅰ级

武乡名木

在故城镇山交村涅河边生长着一棵老槐树，树龄已超过500年。这棵老树至今仍然枝繁叶茂，屹立于村头，在这棵老树身上，还有着令人难忘的红色故事。

1942年，武乡西部的斗争形势越来越严峻，为了坚持斗争，决九团团部移驻武西县，其驻扎次数最多、时间最长的要数山交村。武西发生了多起战斗，楼则峪战斗、高台寺战斗、里峪村战斗、狮则沟战斗等，决九团都是从这里出发作战的。

狮则沟就在烂柯山脚下，与山交村仅一河之隔。1942年10月22日，南沟敌据点的日伪军50余人，牛车20余辆，由警备队瓦田伍长带队，经北涅水过河后，窜进狮则沟，挨门逐户开仓抢粮。到中午时分，敌人将100多袋粮食搬上车，向南沟方向运去。当行至河滩时，被驻扎在山交村的决九团团长黄定基发现，立即命令该团四连截下这批粮食。四连接到命令后，迅速而隐蔽地埋伏于茅庄村西土坎上。当运粮之敌距该连200米时，张连长指挥部队从三面射击。敌遭到这突如其来的袭击，急忙扔下牛车，狼狈地窜到北圆则（地名）土丘下。这时，张连长率部追击，毙敌14名，生俘36名，将粮食和牛车全部截下，取得了截粮战斗的胜利。

　　这次战斗给了敌人很大的打击，日伪军得知八路军在山交村，就来报复，幸亏我们早已得到情报，紧急掩护群众转移，部队也迅速撤离，才没有受到损失。后来，决九团再到山交村来，就决定选择高地设立岗哨，但山交村地势平坦，很难找个理想的哨位，选来选去就选中了这棵老槐树，它位于涅河边上，地势开阔，左右几条路都观察得非常清楚，而且树干很粗，在腰部的枝杈处设哨位，既便于瞭望，又便于隐蔽。八路军哨兵把绳子扔过树枝攀爬而上，就在这里站岗，一旦发现敌情，树下有人便会紧急通知团部。从此以后，这里再也没有遭受敌人的袭击。

武乡名木

55号树木：

故城镇东良村
文冠果树

Xanthoceras sorbifolium Bunge

科属：无患子科文冠果属

树龄：500 年

保护等级：Ⅰ 级

在故城镇东良村洪济院内生长着一棵文冠果树。

洪济院非常古老，始建年代不可考，从现存建筑结构看，元、明、清都曾修葺，根据正殿西侧现存的一尊北朝千佛造像碑来判断，似乎这座洪济院至少在南北朝时期就已经存在了。该院是国家级文物保护单位，院中的两棵古树——文冠果树，已有 500 年的树龄，是一种珍稀树种。

文冠果树为无患子科，属落叶灌木或小乔木。其枝小而粗壮，呈褐红色；其叶小而双生，两侧稍不对称，顶端渐尖，基部楔形，边缘有锐利锯齿；其花乃两性，雌花顶生，雄花腋生，花瓣呈黄白色；其果称文冠果，黑色而有光泽，是高级油料。春季开花，秋初结果，耐干旱、贫瘠，抗风沙，易野生于丘陵山坡之处。因树形状婀娜，叶形优美，花色瑰丽，果实奇香，枝瘦虬曲，民间相传，文冠果也称为"文官果"。文官文官，识文当官，文冠果成了人们的一种精神的期待，谁家孩子读书习文，临考前都要去摸一摸文冠果树，以示可以高中。能不能高中只是一种传说，但实实在在讲，它的药用价值还很特别。据《本草纲目》记载：其"性甘、平，无毒，涸黄水与血栓。肉味如栗，益气润五脏，安神养血生肌，久服轻健，百年不老。树枝煎熬膏药，祛风湿，强筋骨"。即主治祛风除湿，消肿止痛。

1942年秋，武西独立营和决九团一连决定打击驻守松村的日军，他们事先埋伏在里峪村。为了引诱敌人出来，决九团一连派两名战士凌晨时分潜伏到松村村边，往炮楼里扔了两颗手榴弹。日伪军慌里慌张起来集合，向里峪方向追来，正好中了埋伏。我决一连和独立营对敌人穷追猛打，伪军被迫缴枪投降，鬼子被打伤几个便逃走了，我们缴获了20多支步枪，1挺机枪，俘虏了30多个伪军。战斗中，有几名战士负伤，李排长伤势最重，被抬到石盘村后方医院，可因缺少药品，伤口发炎，肿得厉害，高烧不退。村里的老中医说只有用文冠果煎汤内服，加熬膏外敷，方能见效。可是哪里有文冠果？老中医说，方圆几十里，只有东良洪济院有此树，但文冠果三年一开花，五年一结果，虽正是收获季节，今年结没结果还很难说。再说东良村距日军据点近，经常有敌人破坏，想找这救命果难呀！

为了救李排长，独立营派了两名熟悉地形的战士前往，隐秘地进入洪济院，向老住持说明情况，还好今年树上有果，老住持慷慨表示，如果这果子能救八路军战士，你们就都摘了去也不足惜。战士们说，按老中医吩咐，有三颗即可。老住持坚持道，八路军天天打仗，难免有人负伤，你们多拿点回去，只是为了保鲜，一定要放在地窖里才好。这棵文冠果树由此成为八路军的救命树。

56号树木：

分水岭乡石盘村槐树

Sophora japonica

科属：豆科槐属

树龄：600 年

保护等级：Ⅰ级

武乡名木

在分水岭乡石盘村有一座真静寺，村里人称之为大寺。寺外的崖边有一棵树龄达 600 余年的老槐树，树高 13 米，树围 2.6 米，冠幅达 6 米。真静寺始建于唐代，历经宋金明清修葺，二进院落，造势雄宏，石雕彩塑，栩栩如生；八柏二松，苍劲挺拔，古槐荫郁，绿叶葱茏。明代岁贡、曾任苏州知府的陈待聘游寺留诗："胜游穷绝谷，访道入珠林。优钵花香远，菩提树影深。欲通空色解，未了去来心。老衲归何处，空闻流水音。"抗日战争时期，大寺多次驻扎八路军机关、部队。可惜后来寺庙被日寇烧毁，八柏二松与寺庙一起化为灰烬，只有长在崖壁边上的古槐被烧死半边，但它不但没有倒下，而且如今依然如同钢铁战士般屹立在这里，向人们讲述着八路军将士的英勇无畏，诉说着日军的恶劣罪行。

那是 1944 年农历七月初三，驻扎在分水岭的日军，纠集了一小队鬼子、伪警备队和汉奸 50 多人，用骡子驮着 2 门小钢炮，趁夜偷袭石盘村。天蒙蒙亮，就包围了村子，挨家挨户抓人，抢夺牲畜、粮食、财物。只有早起的少数群众脱身，惊醒后来不及走的群众被敌人驱赶到上下街。抢来的牲畜、财物、粮食堆积在陈家仓房院；挑选的壮实男人，被拘押在街上站成一排；挑选出的年轻漂亮女人则被关在木铺，都要统统带走。村长陈聪林趁乱偷派民兵火速飞报驻扎在泉之头村的八路军决九团和十四团来解围，消灭敌人。

部队得知消息，迅速派人前来侦察敌情和地形，研究部署了战斗任务。半晌后，敌人在村里抢掠够了，抓着民夫女人，赶着牲口，驮着东西，要出村顺大路返回分水岭。临走时放了一把火将真静寺焚烧，这座古寺就这样消失了……

"善恶到头终有报"，小鬼子走到半路上，却进了八路军的埋伏圈，敌人见地形复杂不敢恋战，边打边撤，扔下不少弹药和枪支，向西从寺掌沟窜到悬窑沟，翻过居掌沟，连夜狼狈逃回分水岭。

57号树木:

分水岭乡内义村榆树

Ulmus pumila L.

科属: 榆科榆属

树龄: 600 年

保护等级: I 级

在分水岭乡内义村奶奶庙旁，有一棵树龄达 600 余年的老榆树，树高 15 米，树围 4.6 米，冠幅达 12 米。这棵老树根系发达，树干高大，见证了村庄的历史沧桑。

1940 年 5 月，一二九师组织开展白晋战役，命晋冀豫边游击纵队前来参战。晋冀豫边游击纵队的前身是晋冀豫军区，1938 年 4 月由一二九师司令部抽调人员组成，由一二九师参谋长倪志亮兼任司令员，黄镇任政治委员，其部队是八路军到太行山区后在各地组织的游击武装。他们活动于西起同蒲路，东抵平汉路，北到正太线，南到黄河北岸的广大地区。同年 12 月 30 日，根据集总命令，晋冀豫军区改称晋冀豫边游击司令部。1939 年秋，又整编为晋冀豫边游击纵队，直辖三个团。白晋战役后，纵队司令部组织部队在这里进行了整训，还在这棵榆树下组织群众开展动员工作，宣传抗战救国思想，当天就有十余名青年报名参军。

附录一

武乡县其他
古树名木

1 号树木：洪水镇北反头村槐树 Sophora japonica

科属：豆科槐属

树龄：750 年

保护等级：Ⅰ级

2 号树木：韩北镇王家峪村丁香 Syringa pekinensis Rupr.

科属：桃金娘科丁香属

树龄：60 年

保护等级：Ⅲ级

3 号树木：韩北镇西堡村柳树 Salix matsudana

科属：杨柳科柳属

树龄：140 年

保护等级：Ⅲ 级

4 号树木：韩北镇拐垴村槐树 Sophora japonica

科属：豆科槐属

树龄：120 年

保护等级：Ⅲ级

5 号树木：韩北镇拐垴村槐树 Sophora japonica

科属：豆科槐属

树龄：120 年

保护等级：Ⅲ级

6 号树木：韩北镇枣岭村槐树 Sophora japonica

科属：豆科槐属

树龄：110 年

保护等级：Ⅲ级

7 号树木：韩北镇下合村槐树 Sophora japonica

科属：豆科槐属

树龄：150 年

保护等级：Ⅲ级

8 号树木：韩北镇下合村槐树 Sophora japonica

科属：豆科槐属

树龄：180 年

保护等级：Ⅲ级

9 号树木：韩北镇下合村槐树 Sophora japonica

科属：豆科槐属

树龄：140 年

保护等级：Ⅲ级

10 号树木：韩北镇下合村槐树 Sophora japonica

科属：豆科槐属

树龄：150 年

保护等级：Ⅲ级

11 号树木：韩北镇下合村槐树 Sophora japonica

科属：豆科槐属

树龄：120 年

保护等级：Ⅲ级

12 号树木：监漳镇下北漳村槐树 Sophora japonica

科属：豆科槐属

树龄：200 年

保护等级：Ⅱ级

13 号树木：监漳镇姚家庄村油松 Pinus tabuliformis Carrière

科属：松科松属

树龄：110 年

保护等级：Ⅲ级

14 号树木：大有乡苑家垴村油松 Pinus tabuliformis Carrière

科属：松科松属

树龄：250 年

保护等级：Ⅱ级

15 号树木：大有乡苑家垴村侧柏 Platycladus orientalis

科属：柏科侧柏属

树龄：250 年

保护等级：Ⅱ级

16 号树木：大有乡上却净村酸枣树 Choerospondias axillaris (Roxb.) Burtt et Hill

科属：鼠李科枣属

树龄：200 年

保护等级：Ⅱ级

17 号树木：大有乡下却净村槐树 Sophora japonica

科属：豆科槐属

树龄：500 年

保护等级：Ⅰ级

18 号树木：大有乡枣烟村槐树 Sophora japonica

科属：豆科槐属

树龄：200 年

保护等级：Ⅱ级

19 号树木：大有乡徐家垴村槐树 Sophora japonica

科属：豆科槐属

树龄：420 年

保护等级：Ⅱ级

20 号树木：大有乡长乐村槐树 Sophora japonica

科属：豆科槐属

树龄：400 年

保护等级：Ⅱ级

21 号树木：大有乡石科村槐树 Sophora japonica

科属：豆科槐属

树龄：150 年

保护等级：Ⅲ级

22 号树木：大有乡李峪垙村侧柏 Platycladus orientalis

科属：柏科侧柏属

树龄：110 年

保护等级：Ⅲ级

23 号树木：大有乡李峪垴村槐树 Sophora japonica

科属：豆科槐属

树龄：350 年

保护等级：Ⅱ级

24 号树木：大有乡峪口村槐树 Sophora japonica

科属：豆科槐属

树龄：400 年

保护等级：Ⅱ级

25 号树木：大有乡峪口村油松 Pinus tabuliformis Carrière

科属：松科松属

树龄：450 年

保护等级：Ⅱ级

26 号树木：贾豁乡李家垴村槐树 Sophora japonica

科属：豆科槐属

树龄：110 年

保护等级：Ⅲ级

27 号树木：贾豁乡北沟村槐树 Sophora japonica

科属：豆科槐属

树龄：100 年

保护等级：Ⅲ级

28 号树木：贾豁乡北沟村槐树 Sophora japonica

科属：豆科槐属

树龄：500 年

保护等级：Ⅰ级

29 号树木：贾豁乡王和垴村槐树 Sophora japonica

科属：豆科槐属

树龄：200 年

保护等级：Ⅱ级

30 号树木：贾豁乡西峰烟村槐树 Sophora japonica

科属：豆科槐属

树龄：300 年

保护等级：Ⅱ级

31 号树木：贾豁乡贾豁村柳树 Salix matsudana

科属：杨柳科柳属

树龄：100 年

保护等级：Ⅲ级

32 号树木：贾豁乡贾豁村小叶杨 Populus simonii Carrière

科属：杨柳科柳属

树龄：100 年

保护等级：Ⅲ级

33 号树木：上司乡王家垴村槐树 Sophora japonica

科属：豆科槐属

树龄：500 年

保护等级：Ⅱ级

34 号树木：上司乡圪针庄村槐树 Sophora japonica

科属：豆科槐属

树龄：395 年

保护等级：Ⅱ级

35 号树木：丰州镇里庄村槐树 Sophora japonica

科属：豆科槐属

树龄：200 年

保护等级： Ⅱ级

36 号树木：丰州镇连元村槐树 Sophora japonica

科属：豆科槐属

树龄：150 年

保护等级：Ⅲ级

37 号树木：丰州镇连元村槐树 Sophora japonica

科属：豆科槐属

树龄：160 年

保护等级：Ⅲ级

38 号树木：丰州镇连元村槐树 Sophora japonica

科属：豆科槐属

树龄：130 年

保护等级：Ⅲ级

39 号树木：丰州镇曹村油松 Pinus tabuliformis Carrière

科属：松科松属

树龄：140 年

保护等级：Ⅲ级

40 号树木：丰州镇王白烟村核桃 Juglans regia

科属：胡桃科胡桃属

树龄：140 年

保护等级：Ⅲ级

41 号树木：丰州镇王白烟村槐树 Sophora japonica

科属：豆科槐属

树龄：112 年

保护等级：Ⅲ级

42 号树木：丰州镇王白烟村槐树 Sophora japonica

科属：豆科槐属

树龄：112 年

保护等级：Ⅲ级

43 号树木：丰州镇郝家垴村梓树 Catalpa bungei

科属：紫葳科梓属

树龄：130 年

保护等级：Ⅲ级

44 号树木：丰州镇郝家垴村青檀树 Pteroceltis tatarinowii Maxim

科属：榆科翼朴属

树龄：330 年

保护等级：Ⅱ级

45 号树木：丰州镇代照岭村槐树 Sophora japonica

科属：豆科槐属

树龄：230 年

保护等级：Ⅱ级

46 号树木：丰州镇山阳垴村油松 Pinus tabuliformis Carrière

科属：松科松属

树龄：130 年

保护等级：Ⅲ级

47 号树木：丰州镇东村槐树 Sophora japonica

科属：豆科槐属

树龄：310 年

保护等级：Ⅱ级

48 号树木：丰州镇东村槐树 Sophora japonica

科属：豆科槐属

树龄：470 年

保护等级：Ⅱ级

49 号树木：丰州镇王家垴村槐树 Sophora japonica

科属：豆科槐属

树龄：120 年

保护等级：Ⅲ级

50 号树木：丰州镇兴盛垴村柏树 Platycladus orientalis

科属：柏科侧柏属

树龄：140 年

保护等级：Ⅲ级

51 号树木：石北乡神西村槐树 Sophora japonica

科属：豆科槐属

树龄：110 年

保护等级：Ⅲ级

52 号树木：石北乡楼则峪村核桃树 Juglans regia

科属：胡桃科胡桃属

树龄：156 年

保护等级：Ⅲ级

53 号树木：石北乡义门村榆树 Ulmus pumila L.

科属：榆科榆属

树龄：140 年

保护等级：Ⅲ级

54 号树木：石北乡义门村槐树 Sophora japonica

科属：豆科槐属

树龄：350 年

保护等级：Ⅱ级

55 号树木：涌泉乡蒲池村榆树 Ulmus pumila L.

科属：榆科榆属

树龄：200 年

保护等级：Ⅱ级

56 号树木：涌泉乡辉楼沟村油松 Pinus tabuliformis Carrière

科属：松科松属

树龄：150 年

保护等级：Ⅲ级

57 号树木：涌泉乡南沟村油松 Pinus tabuliformis Carrière

科属：松科松属

树龄：120 年

保护等级：Ⅲ级

58 号树木：涌泉乡寨上村榆树 Ulmus pumila L.

科属：榆科榆属

树龄：180 年

保护等级：Ⅲ级

59 号树木：涌泉乡涌泉村槐树 Sophora japonica

科属：豆科槐属

树龄：370 年

保护等级：Ⅱ级

60 号树木：涌泉乡窑上垴村槐树 Sophora japonica

科属：豆科槐属

树龄：330 年

保护等级：Ⅱ级

61 号树木：涌泉乡宛儿村槐树 Sophora japonica

科属：豆科槐属

树龄：340 年

保护等级：Ⅱ级

62 号树木：故城镇陈村槐树 Sophora japonica

科属：豆科槐属

树龄：1300 年

保护等级：Ⅰ级

63 号树木：故城镇陈村侧柏 Platycladus orientalis

科属：柏科侧柏属

树龄：1000 年

保护等级：Ⅰ级

64 号树木：故城镇陈村侧柏 Platycladus orientalis

科属：柏科侧柏属

树龄：1300 年

保护等级：Ⅰ级

65 号树木：故城镇陈村侧柏 Platycladus orientalis

科属：柏科侧柏属

树龄：1300 年

保护等级：Ⅰ级

66 号树木：故城镇温家沟村槐树 Sophora japonica

科属：豆科槐属

树龄：200 年

保护等级：Ⅱ级

67 号树木：故城镇邵渠村榆树 Ulmus pumila L.

科属：榆科榆属

树龄：400 年

保护等级：Ⅱ级

68 号树木：故城镇邵渠村油松 Pinus tabuliformis Carrière

科属：松科松属

树龄：300 年

保护等级：Ⅱ级

69 号树木：故城镇邵渠村槐树 Sophora japonica

科属：豆科槐属

树龄：200 年

保护等级：Ⅱ级

70 号树木：故城镇东良村油松 Pinus tabuliformis Carrière

科属：松科松属

树龄：170 年

保护等级：Ⅲ级

71 号树木：故城镇范家凹村木瓜 Chaenomeles sinensis (Thouin.)

科属：蔷薇科木瓜属

树龄：700 年

保护等级：Ⅰ级

72 号树木：分水岭乡胡庄村榆树 Ulmus pumila L.

科属：榆科榆属

树龄：500 年

保护等级：Ⅰ级

73 号树木：分水岭乡胡庄村槐树 Sophora japonica

科属：豆科槐属

树龄：500 年

保护等级：Ⅰ级

74 号树木：分水岭乡胡庄村榆树 Sophora japonica

科属：榆科榆属

树龄：200 年

保护等级：Ⅱ级

75 号树木：分水岭乡石盘村槐树 Sophora japonica

科属：豆科槐属

树龄：500 年

保护等级：Ⅰ级

76 号树木：分水岭乡石盘村槐树 Sophora japonica

科属：豆科槐属

树龄：700 年

保护等级：Ⅰ级

77 号树木：分水岭乡石盘村槐树 Sophora japonica

科属：豆科槐属

树龄：700 年

保护等级：Ⅰ级

78 号树木：分水岭乡内义村槐树 Sophora japonica

科属：豆科槐属

树龄：600 年

保护等级：Ⅰ级

79 号树木：分水岭乡内义村榆树 Ulmus pumila L.

科属：榆科榆属

树龄：200 年

保护等级：Ⅱ级

附录二

武乡县所产部分
中药材图录

武乡名木

1号中药材：柴胡

柴胡，多年生草本植物，主根较粗大，坚硬。茎单一或数茎丛生，上部多回分枝，微作"之"字形曲折。叶互生。基生叶呈倒披针形或椭圆形，先端渐尖，基部收缩成柄，抱茎，上面鲜绿色，下面淡绿色，常有白霜。柴胡气味苦、平，无毒，可用于治疗感冒发热、寒热往来、疟疾、肝郁气滞、胸肋胀痛、脱肛、子宫脱落、月经不调。

武乡山区自古多野生中草药。1939年7月，八路军野战卫生部跟随总部机关进驻武乡东部山区刀把嘴村，这里背靠大山，中药材资源非常丰富，这为卫生部制药所提供了有利条件。为了适应形势，卫生部制药所很快扩大为制药厂，除生产中药制剂外，还用土法制作纱布、脱脂棉和救急包等卫生材料用品。

在战争岁月里，很多英勇杀敌的八路军将士患上了流感、疟疾，浑身疼痛、高烧不退。由于日军的严密封锁，治疗这些疾病的奎宁等药品异常缺乏，严重地影响了部队的战斗力。时任卫生部长钱信忠同志很是着急，他根据当地中草药资源的分布情况，号召并带领广六医务人员上山采集传统中草药柴胡，采回清洗后将其熬成汤药给病号服用，收到了很好的疗效。

柴胡是清热治感冒的良药，它不仅药价低廉，疗效稳定，而且无较大副作用。为了方便服用，制药厂的同志们又设法将其制成柴胡膏，但没有想到，在临床应用中，用柴胡做成的膏剂疗效并不好。钱信忠建议将柴胡进行蒸馏提取制成针剂。药剂研究室主任韩刚和李昕等便着手开始研制，经过无数次试验，1941 年 5 月 1 日，终于制成了全国首创的第一支注射液，开创了中药西制的先河，受到太行军区的表彰。针剂中药名定为"柴胡注射液"，也叫"发热停"，西药名为"瀑泼利尔"。经临床试用，其治疗疟疾及一般的发热疾病效果显著，对原虫、细菌类之原形质有强力的杀灭或抑制其发育之作用，不仅可治疗流行性感冒、回归热、产褥热、肺结核发展期之发热等，并有代替奎宁医治一般疟疾与顽固疟疾的功效，且未发现有毒副作用。由于疗效较好，使用广泛，部队的需求很大，因此，一个药厂每月要生产十万盒左右。1943 年 5 月，华北版《新华日报》发表了题为"医学界的新贡献——利华药厂发明柴胡注射液"的报道，盛赞柴胡注射液的研制成功是我国中药西制的重大创举。更奇特的是，直到今天，柴胡注射液仍然在市场上长销不衰。

2号中药材：野党参

上党地区的野党参在历史上就非常有名，汉末《名医别录》中载："人参生上党山谷及辽东。"所以也称"潞党参""上党参"。党参，桔梗科党参属，多年生草本植物，有乳汁。茎基具多数瘤状茎痕，根肥大，呈纺锤状或纺锤状圆柱形，较少分枝或中部以下略有分枝。喜温和凉爽气候，耐寒，根部能在土壤中露地越冬，武乡东部山区有大量的野党参。

党参的药用价值因部位而异。根具有补中益气、和胃生津、祛痰止咳作用，可用于治疗脾虚食少便溏、四肢无力、心悸、气短、口干、自汗、脱肛、阴挺。全株可治疗瘰病、脚气病、水肿，根治风湿痹症、麻风病、皮肤病、脚气、湿疹、疮疖痈肿等。

在艰苦的抗战年代里，党参发挥了不可替代的作用。抗战进入相持阶段后，敌伪顽对我根据地实行经济封锁。国民政府军政部拖欠甚至停发八路军的军饷、弹药、被服等，并扬言"不让一粒粮、一尺布进入边区"。根据地生活非常困难，八路军战士用树叶、野菜、草根、谷糠、红薯秧等掺一点粮食吃。营养不良让许多战士头晕、恶心、倦怠乏力。卫生部制药所医治这一疾病，以野党参为主要原料，增加白术、茯苓、当归、生地、熟地等研制出了"党参膏"。党参膏是党参单位制剂的一个膏剂形式。它的功能主要有补气血、健脾养胃，临床上可以治疗气血亏虚、脾胃虚弱、肢体酸软和精神疲倦。适用于中气不足产生的食少便溏、倦怠乏力，并有益肺气的功效，常与黄芪、五味子配伍。党参膏还可以治疗热病伤津、气短口渴，常常配伍麦冬和五味子。对于血虚萎黄、头晕、心慌，党参还有补气养血的功效，常常配合熟地和当归同用。党参膏试制成力，并通过不同的配伍，生产成几个型号，极大地缓解了部队战士因营养不良引起的疾病。

3 号中药材：益母草

益母草，唇形科益母草属植物。一年生或二年生草本，有密生须根的主根，茎直立，呈钝四棱形，微具槽，有倒向糙伏毛。叶轮廓变化大，茎下部叶轮廓为卵形，基部呈宽楔形，掌状 3 裂，裂片呈长圆状菱形至卵圆形。轮伞花序

腋生，轮廓为圆球形，径长 2—2.5 厘米，多数远离而组成长穗状花序，喜温暖湿润气候，喜阳光，武乡遍地都有。

益母草入药，有效成分为益母草素，内服可使血管扩张而使血压下降，并有拮抗肾上腺素的作用，可治动脉硬化性和神经性的高血压，又能增加子宫运动的频度，为产后促进子宫收缩药，并对长期子宫出血而引起衰弱者有效，故广泛用于治妇女闭经、痛经、月经不调、产后出血过多、恶露不尽、产后子宫收缩不全、胎动不安、子宫脱垂及赤白带下等症。之所以叫益母草，就是以其有益于妇科病而得名。

抗战期间，由于许多男人支前、参战、送军粮，长期在外活动，更加重了妇女的工作量，她们在家不仅要洗衣做饭、照顾公婆孩子，而且还得下地劳动种庄稼，特别是为了支持抗战，妇救会还组织妇女纺纱织布做军鞋。如此繁重的体力劳动，让许多妇女身心疲惫，因此患妇科病的人急剧增加。

针对这一问题，制药所相关人员认为他们不仅要为部队服务，也要为老百姓服务，老百姓需要什么，就要试制什么。他们大量收购益母草，加入当归、川芎、白芍等，试制成了"调经片""益母膏"等成药投入市场，极大地缓解了根据地妇女疾病。

4号中药材：黄芩

黄芩是唇形科黄芩属多年生草本植物，肉质根茎肥厚，叶坚纸质，呈披针形至线状披针形，总状花序在茎及枝上顶生，花冠紫、紫红至蓝色，花丝扁平，花柱细长，花盘环状，子房褐色，小坚果呈卵球形。黄芩生于向阳草坡地、休荒地上，武乡遍地都是。

黄芩的根入药，味苦、性寒，有清热燥湿、泻火解毒、止血、安胎等功效，主治温热病、上呼吸道感染、肺热咳嗽、湿热黄疸、肺炎、痢疾、咳血、目赤、胎动不安、高血压、痈肿疔疮等症。黄芩的临床抗菌性比黄连好，而且不产生抗药性，是当地百姓常用的草药之一。

战争岁月里，行军打仗很苦，物资贫乏困难，有时战士们几天吃不上饭，难免上火，口舌生疮，眼红肿痛，卫生部卫生材料厂针对这一问题，利用黄芩为主料，加以白芍、甘草、穿心莲等配伍，研制出了"黄芩片"，它具有泻火、除湿、解毒、清热、止血等功效。

5 号中药材：苍术

苍术是菊科苍术属多年生草本植物。根状茎平卧或斜升，不定根，茎直立，单生或少数茎成簇生。苍术根状茎入药，为运脾药，性味苦温辛烈，有燥湿、化浊、止痛之效。《本草纲目》讲："治湿痰留饮，或挟瘀血成窠囊，及脾湿下流，浊沥带下，滑泻肠风。"

野战卫生材料厂在武乡刀把嘴村研制成功柴胡注射液后，这种中药提取工艺得以推广，药剂研究室的专家们就以苍术为主要原料，进行分离提取，经过多次试验，提取出红棕色油状液体，经临床试验，对湿盛困脾、倦怠嗜卧、发汗解热都有特殊功效，就定名为"苍术油注射液"。

6 号中药材：茯苓

茯苓是多孔菌科、茯苓属真菌。菌丝体呈白色绒毛状，幼时白色，老时淡褐色。菌核是茯苓的休眠器官，又是贮藏器官，菌核发育到一定阶段，向上膨大增长，露出土面，菌丝在菌核表面生长扩大，顶端菌丝不断向外生长，发育成子实体。子实体大小不一，平卧于菌核表面或菌丝体表面，初时白色，后淡褐色，孢子无包透明，表面光滑。茯苓多生于松属植物根上，武乡东部山区广为分布。茯苓是中国传统中药，味甘、淡、性平无毒。古书载："茯苓气味淡而渗，其性上行，生津液，开腠理，滋水之原而下降，利小便，故张洁古谓其属阳，浮而升，言其性也；东垣谓其为阳中之阴，降而下，言其功也。"

抗日战争时期，由于生活条件差，"老鼠疮"成为多发的传染疾病，在八路军战士与百姓中间都有病发。"老鼠疮"中医称之为瘰疬，在颈部皮肉间可扪及大小不等的核块，互相串连，其中小者称瘰，大者称疬，西医称它为颈淋巴结结核。严重时可溃破流脓，病发后全身症状有疲乏、食欲不振、消瘦、低热等。八路军卫生材料厂收集民间药方，以茯苓为主，配之夏枯草、玄参、当归、蒲公英等药材，生产出了"瘰疬丸"。

7号中药材：酸枣（枣仁）

酸枣为鼠李科枣属植物，是枣的变种。多野生，一般为

落叶灌木，枝条节间较短，托刺发达，叶小而密生，果小，多圆或椭圆形，光滑，紫红或紫褐色，肉薄，味大多很酸，种仁饱满可作中药。酸枣的种子酸枣仁入药，有镇定安神之功效，主治神经衰弱、失眠等症。中医典籍《神农本草经》中很早就有记载，酸枣可以"安五脏，轻身、延年"。喜生长于崖边，武乡遍地都有。

抗日战争时期，日本帝国主义除对我国发动赤裸裸的武力侵略外，又对我国实行卑鄙的毒化政策，进行经济侵略，有部分青年受其蛊惑，染上抽大烟、赌博的恶习，导致家庭困难、生活无靠、精神萎靡。为此，根据地抗日政府颁布法令，禁烟禁毒，八路军和抗日政府也深入基层动员群众，让群众明白烟毒的危害性。为加强禁毒戒烟，八路军卫生材料厂收集民间药方，以枣仁为主，加入沉香、粟壳、茯苓、党参等中药，研制出了"戒烟丸"，专供染了毒瘾的人员使用，对根据地的戒烟禁毒起到极大的推动作用。

8 号中药材：马兜铃

马兜铃是马兜铃科马兜铃属植物。单叶、互生，具柄，叶片全缘或3—5裂，基部呈心形，无托叶。花两性，有花梗，单生、簇生或排成总状、聚伞状或伞房花序，顶生、腋生或生于老茎上，花色通常艳丽而有腐肉臭味。种子常藏于内果皮中，胚乳丰富，胚小，为多年缠绕性生草本植物，它的藤蔓、茎、果实都有药用价值。因其成熟果实如挂于马颈下的响铃而得名，又其果实带有臭味，当地老百姓也叫它"臭瓜蛋"。

马兜铃有清肺降气、止咳平喘、清肠消痔的功效，其茎称天仙藤，有理气、祛湿、活血止痛的功效，其根称青木香，有行气止痛、解毒消肿的功效。八路军卫生材料厂结合其药物特性，曾研制出"止咳丸"。

9 号中药材：蒲公英

蒲公英，别名黄花地丁，因其种子带有伞状飞絮，飞起来像扑灯蛾似的，当地也称其为"扑灯蛾儿"。蒲公英为菊科

多年生草本植物，性苦、甘，寒。主要用于疗疮肿毒、乳痈、瘰疬、目赤、咽痛、肺痈、肠痈、湿热黄疸、热淋涩痛等，是当地老百姓最常用的药材。

喜长于路旁、田野、荒地、墙角，武乡遍地生长。

八路军卫生材料厂在武乡期间曾广泛收集蒲公英，许多轻伤员要止痛、消肿、败火，都离不开这味药。

10 号中药材：大黄

大黄是多年生高大草本植物，生于山地林缘或草坡，野生或栽培，根茎粗壮。茎直立，中空，光滑无毛；基生叶大，有粗壮的肉质长柄，约与叶片

等长；叶片呈宽心形或近圆形。花序呈大圆锥状，顶生；花紫红色或带红紫色，花梗纤细，中下部有关节。大黄是中国传统常用的中药材，功效独特且资源丰富，具有攻积滞、清湿热、泻火、凉血、祛瘀、解毒等功效，常用于治疗胃肠积

滞、湿热泻痢、血热出血、咽喉肿痛、痈肿疔疮、瘀血、湿热黄疸等症。多生于山地林缘或草坡，喜欢阴湿的环境，在武乡东部山区广泛生长。

抗日战争时期，由于生活条件差，粮食供给严重不足。八路军战士经常用野菜加谷糠来充饥，而长期吃谷糠最大的问题就是便秘，肠道内干结难以排出，严重影响广大军民的身心健康。为此，八路军卫生材料厂在民间药方的基础上，以大黄为主药，加入厚朴、枳实、当归、熟地等药材，制成"通便丸"以及"大黄片"等。

11 号中药材：羊桃（五加皮）

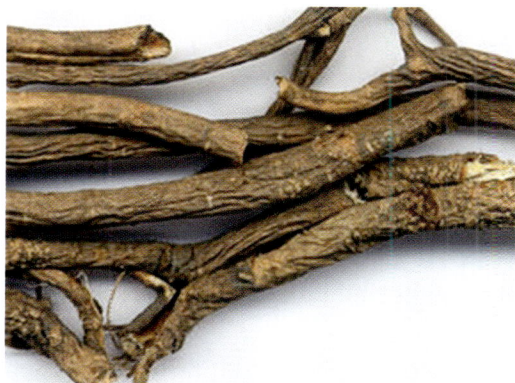

五加的通用名叫杠柳，因其叶子像柳树叶而得名，太行山一带叫羊桃。它的外形特点：树皮灰色或灰黑色，枝条灰色，刺粗壮，直或弯曲，小叶片呈倒卵形、长圆状披针形或椭圆

形，嫩枝叶有白色乳汁，植物体除花外无毛。其根皮入药用，中药叫"五加皮"，有祛风除湿、补益肝肾、强筋壮骨、利水消肿的功效。主要用于风湿痹病、筋骨痿软、小儿行迟、体虚乏力、水肿、脚气。在战斗中，有些战士负伤，精血受损，肌肉筋脉失养，以致肢体弛缓、软弱无力，八路军卫生材料厂针对这一症状，试制成功"五加皮酊制"，发挥了良好的作用。

12 号中药材：荆芥

荆芥是唇形科、荆芥属多年生植物。茎坚强，基部木质化，多分枝，基部呈近四棱形，上部呈钝四棱形，具浅槽，被白色短柔毛，花序为聚伞状。荆芥味辛香、微温，其茎叶有解暑、发汗发热，防治中暑、口臭、胸闷及小便不利等作用。全草用于防治感冒，也可用于急性肠胃炎。

战争时期，军民生活很不规律，感冒是最常发的病症。八路军卫生材料厂急军民所急，以荆芥为主，加之薄荷、甘草、防风、黄芩等，制成"感冒丹""荆芥油"等，在根据地的各个药店广泛销售，起到很好的作用。

13 号中药材：连翘

连翘，落叶灌木，是木樨科连翘属植物，生长于山坡灌丛、林下、草丛中，或山谷、山沟疏林中。连翘喜好阳光，可以耐阴，喜温暖、湿润的气候，耐寒，对土壤的要求比较低，在中性、微酸或者微碱的土壤中都可以正常生长。武乡东部山区遍地有连翘。

连翘为治疗热病和疮痈的重要药物，素有"疮家圣药"之称。用于外感风热、急性热病初起之烦热神昏、痈肿疮毒、瘰疬、痰核、喉痹、热淋尿闭、血热出血等。上呼吸道感染、感冒发热、肺脓肿、颈淋巴结核、皮肤感染、急性肾炎、急性传染性肝炎等常配伍用之。八路军卫生材料厂生产的许多中成药中都含有此药，还专门生产了"连翘片"，其成分有连翘、金银花、大黄、蒲公英、桔梗等，成为根据地用于清热解毒、散结消肿的一种中药。

14 号中药材：黄柏

黄柏为落叶灌木，枝有槽，幼枝为绿色，有柔毛，老枝

为黄灰色，无毛或近无毛。可用于湿热泻痢、黄疸尿赤、带下阴痒、热淋涩痛、脚气痿蹩、骨蒸劳热、盗汗、遗精、疮疡肿毒、湿疹湿疮等症。

据说明末清初的道学家、医学家傅山，顺治初曾在武乡隐居一年之久，住于好友魏驷家中，在为抗清复明奔走的同时，亦为武乡人诊治疾病，深受人们崇敬。他在编著的《傅青主女科》中记载：黄柏、山药、车前子、芡实、白果，治下焦湿热，白浊带下。

抗日战争时期，由于生活条件差，粮食供给严重不足，加之日伪军经常"扫荡"根据地，军民生活很不规律，上火生病的人非常多。八路军卫生材料厂以黄柏、黄芩、黄连为主，试制出中药"三黄片"。这三种传统的中药材主要是用于清热解毒的药丸制作或者是凉茶药饮。主要的功效是清热祛湿、解毒降火，还能通肠胃、治便秘，对目赤肿痛、口鼻生疮、咽喉牙龈肿痛、心烦口渴或痢疾、便秘腹胀、尿黄等疾病都有疗效。

15 号中药材：菊花

菊花在植物分类学中是菊科、菊属的多年生宿根草本植物。有多头菊、独本菊、大丽菊、悬崖菊、艺菊、案头菊等许多类型。既是游人欣赏的花中四君子之一，也是常用的药物。早在汉朝《神农本草经》就有记载：菊花"久服利血气，轻身耐老延年"。《西京杂记》也记载："菊花舒时，并采茎叶，杂黍米酿之，至来年九月九日始熟，就饮焉，故谓之菊花酒。"可见古人早已把它当作滋补药品。其药用功效有清热解火、清肝明目、疏散肝经、改善血液循环等。武乡东部山区菊花遍地生，八路军卫生材料厂利用这一资源，以野菊花与金银花、蒲公英、紫花地丁、紫背天葵等配伍，研制出"菊花流浸膏"，用于治疗头痛、头涨、失眠等病状。

16 号中药材：桔梗

桔梗是多年生草本植物，通常无毛，偶密被短毛，不分枝，极少上部分枝。叶全部轮生，部分轮生至全部互生，无柄或有极短的柄，叶片呈卵形、卵状椭圆形至披针形，花为暗蓝色或暗紫白色。其根可入药，有止咳祛痰、宣肺、排脓等作用，用于咳嗽痰多、胸闷不畅、咽痛、音哑、肺痈吐脓、疮疡脓成不溃，是中医常用药物。武乡东部山区桔梗多有生长，八路军卫生材料厂利用这一资源，以桔梗为主，配以远志、甘草等药，研制出"桔梗片"，投放根据地市场，该药很快成为重要的止咳、祛痰药物。

17 号中药材：远志

远志是远志科、远志属多年生草本植物，主根粗壮，韧皮部肉质，茎多数丛生，直立或倾斜，单叶互生，叶片纸质，线形至线状披针形，全缘，反卷，侧脉不明显。总状花序呈扁侧状，生于小枝顶端，细弱，少花，稀疏；苞片呈披针形，早落；萼片宿存，无毛，花瓣为紫色，侧瓣为斜长圆形，龙骨瓣较侧瓣长，具流苏状附属物；花药无柄，花丝丝状，具狭翅，花药长卵形；子房扁圆形，花柱弯曲，柱头内藏。远志的根皮可入药，有益智安神、散郁化痰的功能。主治

神经衰弱、心悸、健忘、失眠、梦遗、咳嗽多痰、支气管炎、腹泻、膀胱炎、痈疽疮肿，并有强壮、刺激子宫收缩等作用。战争年代，根据地有许多老人咳痰不止。八路军卫生材料厂在民间偏方基础上，以远志为主，经过多道工序加工成"远志酊"作为祛痰的主要药物。

18号中药材：蓖麻

蓖麻为双子叶植物纲、金虎尾目、大戟科，属一年生或多年生草本植物，在南方地区常成多年生灌木或小乔木，但在北方都为一年生草本植

物。单叶互生，叶片呈盾状圆形。掌状分裂至叶片的一半以下，圆锥花序与叶对生及顶生，下部生雄花，上部生雌花；花瓣性同株，无花瓣；雄蕊多数，花丝多分枝；花柱，深红色。蒴果呈球形，有软刺，成熟时开裂。武乡老百姓大量种植蓖麻，一般都称其为大麻，主要是用于压榨食用油，与小麻、小芥等油料作物混合，供食用。但蓖麻也有广泛的药用价值，其种子、根及叶均可入药。叶可消肿、拔毒、止痒，治疮疡肿毒、湿疹搔痒；根可祛风活血、止痛镇静，治风湿关节痛、破伤风、癫痫等；种子可治半身不遂、失音不语、舌胀塞口等；蓖麻油可治烧伤、烫伤、舌上出血等。

战争年代，八路军经常打仗，烧伤烫伤时有发生，研制治疗烧伤的药是最重要的大事，八路军卫生材料厂广泛采集民间偏方，研究《本草纲目》，以蓖麻油为主，配以麝香、三七、牛黄等，制成"烧伤药膏"，解决了大问题。

19 号中药材：车前子

车前子为车前科多年生草本植物，叶根生，具长柄，几与叶片等长或长于叶片，基部扩大，叶片呈卵形或椭圆形，生长在山野、路旁、花圃、菜圃以及池塘、河边等地，武乡遍地都有。其性味甘寒，入肾、膀胱、肝、肺经，可利水通淋、渗湿止泻、清肝明目、清热化痰，为最常用的中药材。

八路军卫生材料厂在中成药的研制中，经过炒、盐、酒等多种炮制方式，使该药的药用效果充分发挥，广泛运用于多种中成药中。

20 号中药材：枸杞

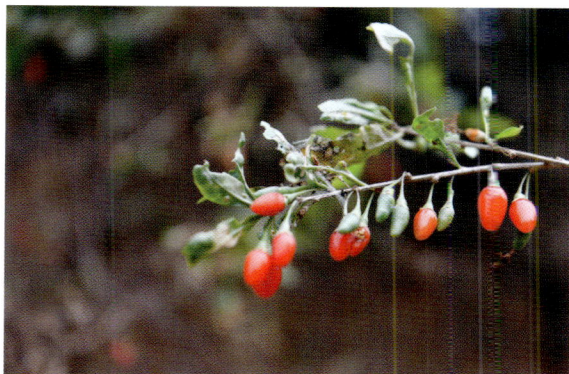

枸杞为茄科、枸杞属植物，多分枝灌木，枝条细弱，弓状弯曲或俯垂，淡灰色，有纵条纹，叶和花的棘刺较长，小枝顶端锐尖呈棘刺状，叶稍厚，单叶互生或簇生，呈卵形、卵状菱形、长椭圆形、卵状披针形。常生于山坡、荒地、丘陵地、盐碱地、路旁及村边宅旁。武乡各地均有生长。枸杞的果实、叶、花和根皮均可入药。明代李时珍《本草纲目》记载："春采枸杞叶，名天精草；夏采花，名长生草；秋采子，名枸杞子；冬采根，名地骨皮。"其果实枸杞子，性味甘、平，可养肝、滋肾、润肺。枸杞叶性凉，可补虚益精，清热明目。其根称为地骨皮，主治清热凉血、虚劳盗汗、肺热咳喘、吐血、血淋、痈肿、恶疮等。八路军卫生材料厂生产的中成药中，许多配方均有枸杞，比如"地黄丸"；地骨皮也有运用，比如"清肺丸""解热片"等。

21 号中药材：当归

当归为伞形科多年生草本植物。茎直立，带紫色，有明显的纵直槽纹，无毛。叶为奇数羽状复叶，叶片呈卵形，复伞形花序，顶生，白色，长卵形。根入药，秋末采挖，除去须根及泥沙，待水分稍蒸发后捆成小把，上棚用烟火慢慢熏干。该药性温，味甘、辛，归肝经、心经、脾经。功效为补血活血、调经止痛、润肠通便，属补虚药下属分类的补血药。可用于治血虚萎黄、眩晕心悸、月经不调、经闭痛经、虚寒腹痛、肠燥便秘、风湿痹痛、跌扑损伤、痈疽疮疡。武乡东部山区生长较多。八路军卫生材料厂在研制的成药中，以当归配伍的成药很多，还研制出"当归丸""拈痛丹"等，投放根据地市场。

22 号中药材：苦参

苦参是豆科、槐属草本或亚灌木植物，羽状复叶，托叶披针状线形，渐尖，互生或近对生，纸质，形状多变，椭圆形、卵形、披针形至披针状线形，上面无毛，中脉下面隆起。总状花序顶生，花多数，花梗纤细，苞片线形，花萼钟状，明显歪斜，花冠比花萼长，为白色或淡黄白色。以根入药。在中药材中，名字中有个"参"字的，多带有一定的滋补功效，往往被列入养生上品。唯有苦参是个例外，没有丝毫滋补功效。其性苦、寒，有清热燥湿、杀虫、利尿之功效。可用于热痢、便血、黄疸尿闭、赤白带下、阴肿阴痒、湿疹、湿疮、皮肤瘙痒、疥癣麻风等症状。

抗战时期，由于广大百姓经常到村外的土窑洞里躲反，洞里阴冷潮湿，卫生条件差，极易引发疥疮，而该症又传染性极强，导致当时在根据地大面积流行。八路军卫生材料厂在民间偏方基础上，就地取材，以苦参为主，配以硫黄、花椒等，加工成"疥疮膏"。该药成为根据地治疗疥疮主要药物。

23 号中药材：藿香

藿香是唇形目、唇形科、藿香属多年生草本植物。茎直立，四棱形，上部有极短的细毛，下部无毛，在上部具能育的分枝。叶心状卵形至长圆状披针形，向上渐小，先端尾状长渐尖，基部呈心形，稀截形，边缘具粗齿，纸质，上面为橄榄绿色，近无毛，轮伞花序多花，花冠为淡紫蓝色。多生于山坡、林边、路边、田边，村落附近也有生长。武乡各地均有分布。藿香全草可入药，味辛，药性微温，入脾、胃、肺经，主要用于治疗湿阻脾胃、脘腹胀满、泄泻、暑湿等症。具有化湿解暑、和中止呕、醒脾化湿的功效，与佩兰、紫苏、厚朴等药配伍可用于治疗夏季外寒内热所致的暑湿症；与半夏、白术、丁香等药配伍可治温阻中焦；与苍术、厚朴等药配伍可祛寒湿固脾。

抗战时期，八路军卫生材料厂在民间偏方基础上，就地取材，以藿香为主，配伍苍术、陈皮、厚朴等药物制成"正气散"，配伍石榴皮、五味子等药物制成"止泻片"。这些药物对根据地军民治疗疾病起到很大作用。

24 号中药材：地黄

地黄是玄参科、地黄属多年生草本植物。根茎肉质，鲜时为黄色，故名地黄；其花内分泌液有酒味，故当地百姓称其为"酒酒花"。叶片呈卵形至长椭圆形，叶脉在上面凹陷，上面绿色，下面略带紫色或呈紫红色，边缘具不规则圆齿或钝锯齿；花在茎顶部略排列成总状花序，花萼钟状，有隆起脊脉，花冠外为紫红色，内黄紫色，药室呈矩圆形，蒴果呈卵形至长卵形。以根茎入药，秋季采挖，除去芦头、须根及泥沙，鲜用者习称生地黄，亦名生地。将生地黄照酒炖法炖至酒吸尽后晾晒，晒至外皮黏液稍干时，切厚片或块干燥，习称熟地黄，亦名熟地。地黄性凉，味甘苦，具有滋阴补肾、养血补血、凉血的功效。生地清热凉血，养阴，生津，用于治疗热病舌绛烦渴、阴虚内热、骨蒸劳热、内热消渴、吐血、衄血、发斑发疹。熟地滋阴补血，益精填髓，用于治疗肝肾阴虚、腰膝酸软、骨蒸潮热、盗汗遗精、内热消渴、血虚萎黄、心悸怔忡、月经不调、崩漏下血、眩晕、耳鸣、须发早白等症。

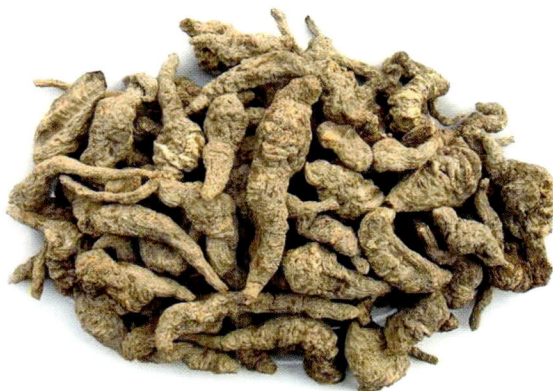

抗战时期，八路军卫生材料厂在民间偏方基础上，广泛

研究《圣济总录》《仁斋直指》《医方类聚》等古药方书籍，大量采集地黄，经过炮制分别制成生地、熟地两种中药，以不同的配方组合，试制出多种"地黄丸""地黄片"，还有不少成药中也大量使用生地、熟地。

25 号中药材：防风

防风是伞形科防风属多年生草本植物。根粗壮直立，茎自下部有多数分枝，叶片二回或三回羽状全裂，复伞形花序顶生，无总苞片，萼齿三角状卵形，花瓣白色，花柱基呈圆锥形，果期伸长而下弯。以根部入药，味辛、甘，性微温，归膀胱、脾、肝经，有祛风解表、胜湿止痛、止痉之功效，主治外感表证、风疹瘙痒、风湿痹痛、破伤风症、脾虚湿盛。《本草纲目》上有："三十六般风，去上焦风邪，头目滞气，经络留湿，一身骨节痛。除风去湿仙药。"在武乡东部山区普遍生长。

防风，顾名思义，有"防风"作用，为中医临床治疗感冒的常用药物，辛散而窜，尤善祛风，为祛风解表要药，治疗感冒疗效甚佳。抗战时期，八路军卫生材料厂在民间偏方基础上，就地取材，研制解表通里、清热解毒的成药，特别是感冒后出现的高热、怕冷、头痛、咽干、小便量少发黄、大便干等症状，以及风疹、湿疹等疾病。先后制成"防风丸""感冒丹""解热片"等多种成药，在根据地许多药店销售，成为根据地军民最常用的药物。

26 号中药材：独活

独活是伞形科、独活属多年生草本植物，根分枝圆锥形，淡黄色。茎圆筒形单一，中空，叶膜质，茎下部叶一至二回羽状分裂，两侧小叶较小，近卵圆形，茎上部叶卵形，边缘有不整齐的锯齿。复伞形花序顶生和侧生。花序近于光滑；总苞少数，长披针形，小总苞片线披针形，被有柔毛。小伞形花序有花，花柄细长；萼齿不显；花瓣白色，花柱基短圆锥形，花柱较短。果实近圆形，棒状，棕色。根可入药，味辛、苦，性微温，归肾、膀胱经，有祛风除湿、通痹止痛的功效，主治风寒湿痹、腰膝疼痛、少阴伏风头痛、风寒挟湿头痛。汉代的《神农本草经》就有记载："主风寒所击，金疮止痛，贲豚，痫痉，女子疝瘕。"

抗战时期，八路军经常行军打仗，最容易患的外伤就是枪伤、刀创、跌打扭伤。由于独活的主要功能就是治疗"金疮止痛"，也就成为治伤止痛的主要药物。卫生材料厂在认真研究古代医书和民间偏方的基础上，以独活为主，配伍其他中药，研制出"止痛丸""枪伤膏"等药品，使其成为野战医院的重要药品。

27 号中药材：黄精

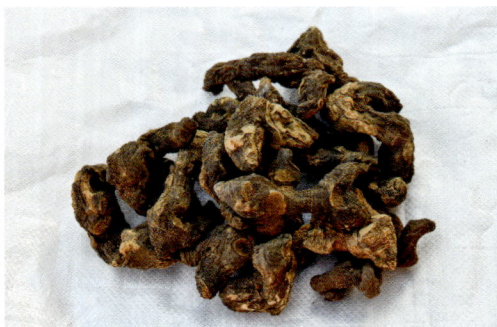

28 号中药材：猪苓

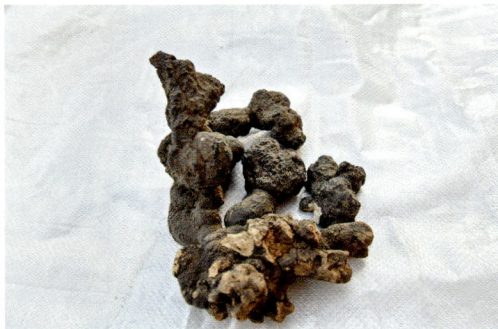

29 号中药材：附子

30 号中药材：蛇麻子

31 号中药材：何首乌

32 号中药材：知母

33 号中药材：穿山龙

34 号中药材：藁本

35 号中药材：二丑子

36 号中药材：升麻

37 号中药材：牛蒡子

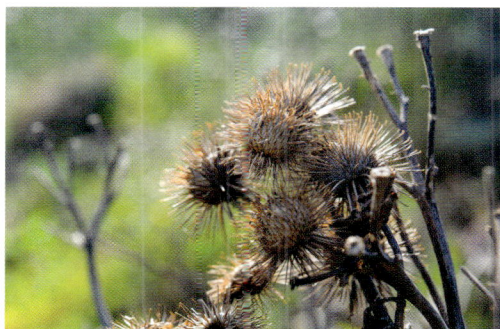

图书在版编目（CIP）数据

武乡古树名木/武乡县林业局编. —上海：复旦大学出版社，2023.12
ISBN 978-7-309-16732-0

Ⅰ.①武…　Ⅱ.①武…　Ⅲ.①树木-介绍-武乡县　Ⅳ.①S717.225.4

中国国家版本馆 CIP 数据核字（2023）第 018851 号

武乡古树名木
武乡县林业局　编
责任编辑/史立丽

复旦大学出版社有限公司出版发行
上海市国权路 579 号　邮编：200433
网址：fupnet@ fudanpress.com　http://www.fudanpress.com
门市零售：86-21-65102580　团体订购：86-21-65104505
出版部电话：86-21-65642845
上海丽佳制版印刷有限公司

开本 787 毫米×1092 毫米　1/16　印张 23.75　字数 207 千字
2023 年 12 月第 1 版
2023 年 12 月第 1 版第 1 次印刷

ISBN 978-7-309-16732-0/S · 17
定价：268.00 元